W0348513

Reinhold Gayl

Tiere und Pflanzen in Österreich

Der große Naturführer für Kinder

mit Bildern von Susanne Riha

G&N

Einleitung

Du willst neue Freunde kennenlernen? Freunde mit Blüten, Fell oder Federn? Eine gute Idee! Aber von Freunden sollte man auch die Namen kennen! Du sagst ja auch nicht „Hallo, du dort mit der blauen Schirmmütze!“, sondern „Hallo, Daniel!“, und auch nicht „Hey, du dort mit dem roten Rucksack!“, sondern „Servus, Evelyn!“.

Niemand kann alle Pflanzen kennen. Aber einige, ja vielleicht sogar viele? Das liegt an dir! Wer viele Freunde hat, muss sich auch viele Namen merken. Denn wie bei menschlichen Freunden ist es auch bei den Blumenfreunden: Man sollte sie nie verwechseln. Stell dir vor, du heißt „Fritz“ und jemand sagt „Oskar“ zu dir! Oder „Heidi“?

Wir wollen uns unsere neuen Freunde gut merken: Dieses Buch stellt dir nur Blumen- und Tierfreunde vor, die man nicht verwechseln kann – außer, jemand schaut nur halb hin. Aber das machen wir uns gleich aus: **Genau** hinschauen, das ist der Trick!

Nun stell dir vor, du solltest deinen besten Freund beschreiben. Würdest du sagen: „Er trägt Blue Jeans und ein kariertes Hemd.“ Sicher nicht! Du würdest versuchen, ihn als Mensch zu beschreiben, mit Eigenschaften, die er nicht so leicht ändern kann.

Versuch einmal, von deinem besten Freund oder deiner besten Freundin einen Steckbrief zu verfassen. Das ist ganz lustig und wirklich schwer, das wirst du bald merken. Probier es doch einmal in der Klasse aus: Jemand, der die SchülerInnen nicht kennt, soll auf Grund deines Steckbriefs herausfinden, wer gemeint ist!

Mit Tieren ist es genauso. Es gibt so furchtbar viele verschiedene, dass man glauben könnte, man lernt sie nie wirklich kennen. Besonders eine Tiergruppe enthält schrecklich viele Typen und Arten: die Insekten. Aber auch mit Tieren lässt sich Freundschaft schließen, auch sie können zu neuen Bekannten werden, vor allem wenn man sich abgewöhnt hat, sich vor ihnen zu grausen oder zu fürchten. Denn dazu gibt es keinen Grund. Und manches Monster unter den Tieren ist ausgesprochen liebenswert, wenn man es kennenlernt oder auch nur genauer anschaut!

Und genau das haben wir mit diesem Buch vor. Du wirst von deinen neuen Freunden Steckbriefe finden und in der Natur versuchen herauszufinden, wer gemeint ist. Das ist nicht so leicht, aber dieses Buch hilft dir dabei!

Worauf es ankommt ...

Hast du gewusst, dass Blumen eine Krone haben? Nicht nur Bäume und Könige, auch Blumen haben eine Krone – die **„Blumenkrone"**. Sie ist leicht zu finden: Es ist das Bunte an einer Blume. Das Gelbe an der gelben Rose und das Rote an der roten Rose, das Blaue am Enzian und das Feuerrote an der Feuerlilie.

Schau doch einmal in eine Blume hinein: da siehst du noch viele Einzelheiten, die genauso typisch sind für die Blume, wie für Menschen blaue Augen, ein Schnauzbart oder die berühmte Narbe am Kinn. Du wirst in allen Blumen immer wieder dieselben Dinge finden:

Als Erstes siehst du viele zarte Stielchen mit einem gelben oder braunen, manchmal auch violetten Köpfchen: das sind die **Staubblätter**. Sie erzeugen den Blütenstaub (Pollen), der nötig ist, um eine andere Blüte zu bestäuben, damit diese Samen hervorbringen kann. Viele kennen den Pollen allerdings von einer anderen, unangenehmen Seite: Vom Heuschnupfen.

In der Mitte siehst du eine große oder mehrere kleine grüne Kugeln: Das sind die **Stempel**, besser gesagt die **Fruchtknoten**, weil aus ihnen später eine Frucht wird. Darin liegen winzige Eizellen, die von den Pollenkörnern befruchtet werden. Nur dann können sie zu Samen auswachsen, aus denen wieder eine neue Blume wächst.

Aber erst einmal hören wir auf, „Blume" zu sagen. Da weiß nämlich niemand genau, was gemeint ist! Besser ist es, wir sagen „Blüte" und „Pflanze". Denn Blumen kann man nicht allein daran erkennen, dass man die Blüten ansieht! Da gibt es noch viel mehr Einzelheiten, die für einen guten „Steckbrief" nötig sind.

Da sind einmal die **Blätter**. Blätter sind sehr verschieden, oft sind sie bei ähnlichen Blüten sogar das beste Mittel, sie zu unterscheiden. Und vor allem: Sie sind viel länger da als die Blüten! Es lohnt sich also, Blätter genau anzuschauen, dann erkennt man seine Freunde auch, wenn sie gerade nicht blühen.

Dann ist da der **Stängel**: Manche Pflanzen haben dicke, derbe Stängel, manche zarte und dünne. Auch die Stängel sollte man sich ansehen, will man Pflanzen erkennen.

Nicht zu vergessen: Die **Wurzel**. Die ist leider unter der Erde, also unsichtbar. Aber vergessen dürfen wir sie nicht! Jeder, der einen Garten hat oder Pflanzen in Blumentöpfe setzt, kann diese Wurzeln sehen – und die sind ganz schön interessant!

Zuletzt gibt es noch die **Früchte**. Warum zuletzt? Weil die Früchte aus den Blüten entstehen. Viele meinen, Früchte sind nur Äpfel, Birnen, Orangen, Bananen. Weit gefehlt!
Auch eine Distel bekommt Früchte, eine Klette, ja sogar eine Karotte. Denn Früchte brauchen die Pflanzen, um ihre Samen auszubreiten. Manchmal erkennt man Pflanzen vor allem an ihren Früchten!

Lasst uns nun unsere neuen Freunde kennen lernen!

Heimische Tiere und Pflanzen
Artenübersicht

Leberblümchen • Buschwindröschen
Schneeglöckchen • Himmelschlüssel • Huflattich
Schneerose • Schuppenwurz • Lerchensporn

Löwenzahn • Tollkirsche • Königskerze • Akelei
Blutweiderich/Rohrkolben • Brennnessel
Wiesensalbei • Glockenblumen • Enzian

Riesenspringkraut • Goldrute • Wilde Möhre
Herbstzeitlose • Besenheide • Wegwarte

Erdkröte • Ringelnatter • Forelle
Feuersalamander • Blindschleiche • Laubfrosch
Unken • Wasserfrosch • Zauneidechse
Kreuzotter • Smaragdeidechse

Eichhörnchen • Spitzmäuse • Igel
Hase/Kaninchen • Biber • Hirsch • Reh
Gämse und Steinbock • Steinmarder
Feldhamster • Fuchs • Dachs

Amsel • Kuckuck • Star • Turmfalke
Mäusebussard • Rotschwänzchen • Kleiber
Meisen • Buntspecht • Schwalben • Mauersegler
Storch • Graureiher

Hirschkäfer • Tagpfauenauge • Muscheln
Regenwurm • Hummeln • Libellen • Feuerwanze
Blattläuse • Florfliege • Weinbergschnecke
Nacktschnecken • Zebraspinne • Wasserläufer
Gelsen

Linde • Buche • Eiche • Ahorn • Fichte/Tanne
Eibe • Zitterpappel • Weiden • Holler • Mistel
Hasel • Esche • Lärche

Das Leberblümchen

Strahlende Blütensterne, violett bis blau, blühen nur ganz kurze Zeit, jeder etwa eine Woche, im Frühling. Sie mögen Schatten, daher findet man sie nur im Wald – dort aber, an den richtigen Stellen, massenweise. Auffallend sind ihre Staubblätter: die sind nämlich strahlend weiß, wie kleine Stecknadeln mit weißem Kopf sehen sie aus.

Woher kommt der Name? Früher waren die Leute sehr gute Beobachter und haben bemerkt, dass die Blätter entfernt einer Leber ähneln, sie haben nämlich 3 deutliche Lappen. Und die findest du nicht nur im Frühling: Die Blätter sind „wintergrün", leben also den ganzen Winter hindurch und sind auch gut zu sehen, wenn kein Schnee drauf liegt! So kannst du also auch im Spätherbst oder gar im Winter einwandfrei sehen, wo ein Leberblümchen wächst bzw. wo es im Frühling aus der Erde sprießen wird.

Leberblümchen tragen unter der Erde nicht gleich die Wurzeln, sondern einen Erdstamm: einen dicken, kurzen, saftigen Stängel mit Wurzeln, von dem aus jedes Jahr ein neues Büschel Leberblümchen sprießt.

Das Leberblümchen wird als Heilpflanze kaum noch verwendet. Also bitte nicht essen!
Im frischen Zustand ist die Pflanze giftig! Das Medikament muss der Apotheker herstellen.

Das Leberblümchen steht unter Naturschutz und darf weder gepflückt noch ausgegraben werden!

Wenn du ein wenig suchst, wirst du vielleicht auch einmal ein weißes Leberblümchen finden. Dann ist es gut, wenn du dir die Blätter und die Blütenform gemerkt hast, sonst erkennst du die weißen Blüten gar nicht als Leberblümchen. Warum diese weiß sind? Wir wissen es nicht. Sie haben irgendwie die Fähigkeit eingebüßt, ihre blaue Blütenfarbe herzustellen.

Und nun eine Forschungsaufgabe für besonders Eifrige: Merke dir ein weißes Leberblümchen (meist sind es mehrere, die zusammen stehen), markiere die Stelle mit einem Fähnchen oder Ähnlichem und schau im nächsten Jahr nach, ob wieder weiße Leberblümchen aus dem Erdstamm kommen. Oder hat die Blume vielleicht inzwischen gelernt, blaue Farbe herzustellen?

Das Buschwindröschen

Das ist eine sehr hübsche Frühlingspflanze, die noch vor Ostern blüht. Du findest sie aber nur im Wald, denn sie liebt den weichen, mulmigen Waldboden und den Schatten.

Sie ist sehr leicht zu erkennen: Auf einem spannenhohen Stängel schwebt eine schneeweiße flache Blüte, etwa so groß wie ein Mantelknopf. (Wenn du die Finger spreizt, dann ist die Spanne der Abstand von der Spitze des kleinen Fingers zur Spitze des Daumens).

Der Stängel ist sehr zart, sodass bei jedem Windhauch die ganze Pflanze schwankt.
Etwa auf halber Höhe trägt der Stängel ein „Stockwerk" aus 3 Blättern:
Jedes ist wieder 3-geteilt und leicht zerschlitzt.
Und ein Buschwindröschen steht nie allein! Immer ist es geradezu ein Teppich aus diesen Blumen, die gemeinsam im Wind schwanken. Das ist auch ein großer Vorteil, weil dann die Bienen die kleinen Blumen eher finden. Die Blätter stehen so eng, dass sie fast ein durchgehendes Stockwerk bilden, darüber schweben die Blüten.

Wie machen sie das eigentlich? Stehen sie zufällig immer in Gruppen? Oder gibt es einen Grund dafür? Den gibt es natürlich! In der Erde hat nämlich nicht jede Blume eine eigene Wurzel. Da liegt ein waagrechtes Geflecht aus weißlichen dünnen Stämmen, die ein richtiges Netz bilden. Und aus dem Netz kommt alle paar Zentimeter ein Buschwindröschen heraus. Es sind wieder die berühmten Erdstämme, wie sie bei vielen Frühlingspflanzen vorkommen. Schon im Winter sprossen aus den Erdstämmen überall kleine Knospen, die, sobald es wärmer wird, austreiben und ein neues Buschwindröschen aus dem Boden schieben. Und da es viele Knospen gibt, gibt es auch viele Buschwindröschen.

In vielen Tälern kann man ein ganz anderes Buschwindröschen finden: mit einer dottergelben Blumenkrone! Damit man die gelbe Schwester von der weißen unterscheiden kann, sagt man zu den weißen „Buschwindröschen" und zu den gelben entweder nur „Windröschen" oder – zur Sicherheit – „Gelbes Windröschen".

Die Buschwindröschen heißen mit wissenschaftlichem Namen „Anemone". Und „anemos" heißt auf Griechisch der Wind. Es gibt eine ganze Menge anderer Anemonen, zum Teil sehr große und bunte, die gerne als Gartenpflanzen verwendet werden.

Das Schneeglöckchen

Es gibt zwei verschiedene Pflanzen, die von den Leuten als *Schneeglöckchen* bezeichnet werden. Aber eigentlich stimmt der Name nur für eine davon. Du findest sie vor allem im Tiefland, zum Beispiel in den Auen der Donau. Hier kennt sie jeder! Sie kommen beim letzten Schnee aus der Erde. Ihre dunkelgrün glänzenden, spitzen Blätter bohren sich zuerst heraus, dann folgt die Blüte. Zuerst ist sie zusammengefaltet, denn es ist eine schwere Arbeit, sich durch die harte Erde zu stemmen.

Aber dann öffnet sie sich: Drei schneeweiße Blumenkronblätter bilden ein hängendes Glöckchen; doch in ihm stehen noch drei: kürzere, mit gelben Flecken, innen sind sie sogar grünweiß gestreift. Nur wenn man dem Glöckchen ins Gesicht schaut (dazu muss man sich auf den Boden legen oder die Blüte vorsichtig nach oben heben), sieht man, was drinnen ist: ein goldgelber Kegel, das sind die Staubblätter. Zwischen ihnen versteckt ist unsichtbar der Stempel, aus dem viel später, erst im Juni, eine knallrote Beerenfrucht wird. Doch Vorsicht: Sie ist leicht giftig!

Im Bergland wächst eine ganz andere Blume, die von den Leuten auch „Schneeglöckchen" genannt wird. Sie heißt aber **Frühlingsknotenblume** und ist beinahe noch schöner als das Schneeglöckchen: Eine milchigweiße Glocke mit 6 Zipfeln, die je einen grüngelben Punkt tragen.

Die Blätter sind bei beiden Pflanzen schmal wie ein Lineal geformt und glänzen dunkelgrün wie mit Speck eingerieben. Und beide haben unter der Erde etwas hoch Interessantes: eine Zwiebel! Natürlich keine, die man essen kann, aber gebaut ist sie genauso: Wie eine Kugel aus mehreren dicken Schichten, aus deren Mitte im Frühling das Schneeglöckchen – oder eben die Frühlingsknotenblume – herauswächst.

Denn die Zwiebel ist ein Trick, unterirdisch den Winter zu überstehen, gewissermaßen in der Erde „zu lauern" und dann, sobald es warm wird, vor den anderen Pflanzen hervorzusprießen. Dann haben sie die ersten Hummeln und Bienen für sich alleine, denn diese müssen den Blütenstaub von einer zur anderen Blüte tragen. Viele andere Pflanzen setzen auch diesen Trick ein – die bekannteste ist eine Gartenpflanze: die Tulpe.

Frühlingsknotenblume

Schneeglöckchen

Der Himmelschlüssel

Diesen Namen hat der Volksmund einer der hübschesten Frühlingspflanzen gegeben: der Primel. Eigentlich ist der *Himmelschlüssel* ja nur eine von mehreren Blumen aus der Verwandtschaft der **Primeln**.

„Primel" – das bedeutet auf Lateinisch „die Erste". Und für eine unter den Primeln stimmt das tatsächlich, diese ist eine der allerersten, die im Vorfrühling schon ihre Blüten öffnet. Es ist die *Stängellose Primel*, so genannt, weil die strahlend gelben Blütchen fast keinen Stiel haben. Wie in den Boden gesteckt sprießen sie aus einem Kranz von typischen Primelblättern: Sie sind hellgrün und tragen ein grobes Furchenmuster, das von dem Netz der Blattadern gebildet wird.

Bei den Primeln ist die Blumenkrone zusammengewachsen und steckt in einem grünen Becher mit fünf Zipfeln: dem *Kelch*. Viele Blüten haben so einen Kelch, nur wird er oft von einzelnen grünen Blättern gebildet, die nicht zusammengewachsen sind.

Du willst noch andere Primeln kennen lernen? Vielleicht lebst du in einer gebirgigen Gegend mit nassen oder feuchten, morastigen Wiesen. Und dort wirst du im Frühsommer eine wunderhübsche Primel finden: Ihre Blüten sind rosarot und stehen als ganzes Büschel auf einem Stängel, der wie mit Mehl eingepudert aussieht. Das ist die *Mehlprimel*. Sie blüht nur kurz – dann sind die ganzen Feuchtwiesen rosarot. Danach verblüht sie und man muss schon ein sehr guter Pflanzenkenner sein, damit man ihre Blattrosetten findet, die das ganze Jahr hindurch stehen bleiben.

Auf feuchten Wiesen gibt es noch eine Pflanze mit rosaroten Blütenbüscheln: das *Wiesenschaumkraut*. Das ist keine Primel! Wenn du ein guter Detektiv bist, kannst du sie an zwei Merkmalen auseinanderhalten:
Die Blätter sind beim Wiesenschaumkraut in tiefe Zipfel zerlegt. Die Mehlprimel hat 5 Blumenkronblätter, das Wiesenschaumkraut nur 4. Außerdem ist der Stängel beim Wiesenschaumkraut klatschgrün und nicht mehlig angestäubt.

Oder vielleicht wanderst du gerne in die Berge?

Da wächst die knalligste von allen Primeln, die *Aurikel*. Tiefgelb, oft bis zu 20 Blüten zusammen auf einem Stängel, dazu mehlig überstäubte, dunkelgrüne Blätter wie aus Plastik. Mit dem Enzian zusammen gehört sie bestimmt zu den allerschönsten Bergblumen.

Der Huflattich

Gleichzeitig mit den ersten Primeln findet man eine ganz andere Pflanze, die direkt aus dem Schotter herauskommt, sehr gerne an Bachufern, aber oft auch einfach am Straßenrand.
Sie sieht entfernt einem Löwenzahn ähnlich, ihr Blütenkopf ist aber viel kleiner und trägt in der Mitte eine Scheibe aus kurzen dicken Blütchen, nur am Rand stehen die goldgelben zungenförmigen Blüten.

Am Stängel kann man sie sofort erkennen: Eher dünn, oft rötlich und von unten bis oben mit schuppenartigen Blättchen bedeckt. Das ist der *Huflattich*. Oft steht er dicht an dicht, sodass man den Schotter gar nicht mehr sieht.

Und das Komische ist: Er hat keine Blätter! Oder besser gesagt: Wenn er blüht, hat er keine Blätter. Dann, wenn er verblüht ist, verwandelt sich sein gelber Blütenkopf in eine wollige Kugel aus Früchten, die wie Wollflocken vom Wind davongetrieben werden, ganz ähnlich einer kleinen Pusteblume. Erst dann schiebt er seine Blätter nach und nach aus dem Boden, erst klein, mit gerolltem Rand, dann werden sie immer größer und schließlich richtige kleine Schirme.

Noch interessanter ist, was sich unter dem Schotter tut. Da trägt der Huflattich keine Wurzel, sondern lange, dünne, flach liegende Stängel, an denen die Wurzeln sitzen. „Erdstämme" nennt man diese unterirdischen Stängel. Wenn die Blüten verblüht sind und die Früchte vom Wind weggeblasen wurden, sprießen Blätter aus diesen Stängeln und bilden bald einen richtigen Blätterdschungel.

Im Winter verwelken die Blätter, und vom Huflattich ist nichts mehr zu sehen. Aber unter der Erde warten die Erdstämme, bis der Winter vorbei ist, um dann bei den ersten Sonnenstrahlen im Vorfrühling die goldgelb strahlenden Blüten aus dem Schotter zu strecken.

Der Huflattich ist eine bedeutsame Heilpflanze bei Hustenreiz und wirkt schleimlösend. Die großen Blätter des Huflattichs werden von Naturfreunden auch als „des Wanderers Klopapier" bezeichnet.

Die Schneerose

Für diese Pflanze gibt es gleich drei Namen:
Schneerose, Christrose, Schwarze Nieswurz.

Schneerose heißt sie, weil sie tatsächlich blüht, während noch im Wald fleckenweise der Schnee liegt. Vielleicht aber auch wegen ihrer großen, schneeweißen Blüten?

Christrose heißt sie wohl, weil sie zuweilen schon um den Christtag (im Dezember) blüht, also mitten im Winter, wenn sonst keine Blüte zu sehen ist.

Schwarze Nieswurz heißt sie, weil ihr Erdstamm schwarz ist und man früher daraus Niespulver gemacht hat. Achtung: Sie ist sehr giftig!

Die Schneerose ist fast ein wahres Wunder: Da kommt aus den letzten Schneeflecken eine handtellergroße Blüte, blendend weiß oder auch rosa überhaucht, und leuchtet durch den Wald. Gleichzeitig mit ihr ist höchstens noch die Schneeheide – man kennt sie auch als „Erika" – zu sehen.

Eigentlich blüht sie zu früh: Noch sind ja wenige Insekten unterwegs, die sie bestäuben könnten. Darum blüht sie lange und hilft sogar noch nach, bietet ihnen mehr als andere Blüten: Innen, rund um die vielen Staubblätter, steht ein Kranz von langen offenen Stanitzeln. Da ist Nektar drin: Zuckersaft, genau das, was die vom Winter erschöpften Insekten brauchen. „Nektarblätter" nennt man sie.

Auch ihre Blätter sind ganz eigenartig: Gelappt wie eine Hand, dunkelgrün, haben sie den Winter lebendig überstanden. Solche Pflanzenteile nennt man „wintergrün".

Wenn die Blüte verblüht, behält sie die weißen Blätter noch lange, nur werden sie allmählich grünlich und rötlich. Nun bietet die Schneerose noch einmal etwas Besonderes: Ihre Früchte sind große, grüne, aufgeblasene Säcke mit auslaufender Spitze, die zu einem gemeinsamen spitzen Zapfen gedreht sind, der weit aus dem Blütenteller herausragt. Erst wenn die Samen in ihnen reif sind, platzt jeder Sack entlang einer Naht auf und die Samen kullern heraus.

Und wieder wartet die Schneerose auf Insekten! Diesmal sind es Ameisen. Denn jedes Samenkorn trägt ein fleischiges Anhängsel mit viel Fett und Eiweiß – genau das, was die ausgehungerten Ameisen brauchen! Sie schleppen also fröhlich die Samen Richtung Bau, fressen wohl auch unterwegs die Anhängsel ab und verlieren einige Samen. Und damit hat die Schneerose das, was sie will: Ihre Samen werden im Wald ausgebreitet, so dass neue Schneerosen keimen können.

Die Schuppenwurz

Lange bevor die Bäume ihr Laub bekommen, wenn die Bodenpflanzen gerade erst zu treiben beginnen und der Waldboden braun vom alten Laub ist, sprießt aus dem nackten Falllaub in feuchten Laubwäldern der Talböden, besonders in Auwäldern, eine der seltsamsten Pflanzen unserer Heimat: die Schuppenwurz. Man übersieht sie leicht, denn dieser Pflanze fehlt jedes Grün! Sie hat keine grünen Blätter, keinen grünen Stängel: nur eine rosarote, schlaff nickende, etwa 15 cm hohe, spargelartige Ähre ragt aus dem Boden. Meist sind es mehrere, die beisammen stehen, dann wirken sie aus der Ferne gesehen wie ein blassrosa Osternest.

Schaut man sie genauer an, dann entpuppt sich das rosarote Durcheinander als eine Blütenähre mit dazwischen rosaroten schuppenförmigen Blättern. Die Blüten sind sogar ganz hübsch, ihre Öffnung ist allerdings von zwei hellen Klappen versperrt. Nur Hummeln – die Hummelweibchen fliegen ja schon sehr früh auf Nektarsuche aus – und sehr kräftige Honigbienen können diese Blüte öffnen und sich den Zuckersaft holen.

Wieso aber ist diese Pflanze nicht grün? Dazu muss man wissen, dass Pflanzen ihr Blattgrün brauchen, um sich im Sonnenlicht Nahrungsstoffe wie Zucker und Stärke aus Wasser und Kohlenstoffdioxid selber aufzubauen. Die Schuppenwurz aber ist ein Parasit, ein Schmarotzer! Sie holt sich Nährstoffe aus den Wurzeln der Bäume, vor allem der Pappeln, Weiden, Erlen, Haseln und Buchen. Die Bäume speichern nämlich im Herbst größere Nährstoffmengen in den Wurzeln; im Frühling lösen sie diese im Wasser auf und schicken sie in alle Zweige, damit diese ausschlagen können. Die Schuppenwurz sendet nun kleine Saugorgane in die Wurzel und saugt an dem nährstoffreichen Saftstrom mit. Doch dem Baum schaden kann die kleine Schuppenwurz nicht!

Jede Schuppenwurz, die du siehst, ist schon mindestens zehn Jahre alt! Sie lebt nämlich zehn Jahre lang als dicker, weißlicher, mit feisten Schuppenblättchen bedeckter Erdstamm unter der Erde und saugt sich aus den Baumwurzeln mit Nährstoffen voll. Dann erst blüht sie zum ersten Mal, danach allerdings jedes Jahr.

Nach wenigen Tagen sinkt sie in sich zusammen, verwelkt und ist für den Rest des Jahres nicht mehr zu sehen. Ihre Samen aber müssen ganz nah an eine Baumwurzel fallen, damit sie gleich ihre kleinen Saugapparate austreiben und sich an die Wurzel anschließen können. Dann heißt es zehn Jahre lang warten, bis sie die ersten bleichen Blütentriebe in die Frühlingsluft schieben kann.

Der Lerchensporn

Für mich ist der Lerchensporn die allerschönste Frühlingspflanze, ja geradezu der Frühling selbst! Mit ihren klatschgrünen, sehr dekorativ zerteilten Blättern und der fast kniehohen Ähre aus bunten Blüten bildet sie, zu Tausenden dicht an dicht stehend, farbige Wiesen am Grunde des Waldes und auch noch am Waldrand in die Wiese hinein. Sie blüht gleich in zwei Farben: leuchtend violett die einen, blassgelb die anderen.

Jede Blüte ist nach Art eines Löwenmäulchens („Froschgoscherl") vorne durch zwei Blumenkronblätter verengt, nur kräftige Insekten können diese Tür öffnen. Sie brauchen auch eine lange Zunge, denn der süße Nektar verbirgt sich in einem langen hohlen Sporn, der ja der Pflanze den Namen gegeben hat (auch Veilchen und Stiefmütterchen haben so einen Sporn). Deshalb ist der dichte Rasen aus Lerchensporn auch immer umsummt von Hummeln und Bienen.

Noch jemand schafft es, ohne Aufwand zum Nektar zu gelangen: Der Wollschweber, eine Fliegenart, pelzig wie eine Hummel, wahrscheinlich die herzigste Fliege überhaupt: Er gleicht einer fliegenden Wollquaste mit einem langen spitzen Rüssel. Diesen steckt er wie einen Strohhalm in die Blüte bis in den Sporn hinein und nuckelt den Nektar. Allerdings ohne Gegenleistung, denn Hummeln und Bienen bestäuben den Lerchensporn, während sie zum Nektar durchbrechen.

Schlägert man den Wald, kommen im Frühling noch mehrere Jahre hindurch die Lerchensporn-Teppiche aus dem Boden.

Denn sie haben tief im Boden versteckt eine bleichbraune Speicherknolle. Die wird, solange die Blätter da sind, mit Nährstoffen voll gepfropft, damit sie im Frühling schon ganz früh austreiben kann. Das Innere der Knolle zersetzt sich allerdings, sodass ein Hohlraum entsteht. Darum heißt er auch „Hohler Lerchensporn".

Noch jemand braucht diese Pflanze: Der Schwarze Apollo, ein sehr selten gewordener Falter. Seine Raupen fressen nur Lerchenspornblätter, müssen sich also ziemlich eilen, wenn sie mit ihrer Entwicklung fertig werden wollen!

Der Löwenzahn

Der Löwenzahn bringt mit seinen dottergelben Blütenköpfen jede Wiese zum Leuchten. Aber nur, wer die Blätter ansieht, versteht seinen Namen: Sie haben scharfe Zacken, richtige „Zähne".

Der Löwenzahn kämpft sich überall durch, treibt eine Blüte nach der anderen, ist fast nicht umzubringen. Seine ersten Blätter – sie stehen im Kreis zusammen wie ein grünes Röschen, darum nennt man das eine „Rosette" (das heißt Röschen auf Französisch) – kann man ausstechen, waschen, putzen und als Salat essen. „Röhrlsalat" sagt man dazu. Warum? Eine gute Denksportaufgabe! Weil die Stängel, die den Blütenkopf tragen, hohl sind, und das hat dem Blattsalat den Namen gegeben. Übrigens keine Bange: Das Ausstechen macht ihm nichts, die Blätter stehen nämlich auf einer dicken Rübenwurzel, die tief im Boden steckt. Schneidet man eine Rosette ab, treibt er bald eine neue.

Noch etwas Ungewöhnliches hat der Löwenzahn: Wenn man ihn abreißt, quillt weiße Milch aus der Wunde. Die ist aber sehr bitter und soll eigentlich Fresser davon abhalten, den Löwenzahn zu essen. Für uns wird der „Röhrlsalat" dadurch erst so richtig schmackhaft. Man kann auch die Stängel kauen, die bitteren Stoffe sind gut für den Magen!

Für die ganz Schlauen noch eine Denksportaufgabe: Was ist mit der Blüte des Löwenzahns los? Wo sind denn all die Teile, die eine Blüte haben soll? Die Blumenkrone, die Staubblätter, die Stempel? Stattdessen hat er ein dichtes gelbes Bummerl, wenn man daran riecht, bekommt man eine gelbe Nase.

Was wie eine Blüte aussieht, sind in Wirklichkeit viele, viele kleine, schmale, ganz eng zusammenstehende Blüten. Aber gemeinsam leuchten sie besser und sind von den Bienen besser wahrzunehmen. Eine ganze Pflanzenfamilie macht das so: die *Korbblütler*.

Die Blüten liefern sehr viel Nektar, daher wimmeln immer viele Bienen auf dem Löwenzahn. Man kann auch die Löwenzahn-Köpfe in Honig legen und bekommt einen heilkräftigen Sirup. Früher hat man mit Löwenzahnblüten Butter gelb gefärbt!

Manche kennen den Löwenzahn von einer ganz anderen Seite: Wenn er verblüht ist, verwandelt sich jede seiner kleinen Blüten in eine spitze Frucht, die oben einen Fallschirm trägt. Alle Früchte mit ihren Fallschirmen zusammen bilden eine lockere Kugel, die dann als **Pusteblume** bekannt ist. Durch kräftiges Blasen kann man all die vielen Fallschirme in die Luft schleudern. Wie eine Schar von Fallschirmjägern segeln sie dann langsam zu Boden und setzen ihre Fracht, die Frucht, auf den Boden. Und dort kann aus ihr ein neuer Löwenzahn keimen.

Die Tollkirsche

Jetzt wird es gefährlich! Die Tollkirsche ist so berühmt, dass schon jeder von ihr gehört hat; aber die wenigsten kennen sie, obwohl bestimmt viele schon an ihr vorübergegangen sind.

Die Tollkirsche ist eine unserer giftigsten Pflanzen. Das wäre noch nichts Besonderes, es gibt viele giftige Pflanzen! Aber die Tollkirsche hat Früchte, die wie schwarze Herzkirschen aussehen und viele verleiten, davon zu kosten, weil sie glauben, dass es Kirschen sind. Vor allem kleine Geschwister, die alles in den Mund stecken, muss man von den Tollkirschen fernhalten.

Aber richtige Kirschen wachsen auf Bäumen! Die Tollkirsche aber nicht. Sie ist eine Staude, fast mannshoch, hat einen grünen, fleischigen dicken Stängel und weit ausgebreitete Seitenäste, ebenfalls grün, mit auffallend großen Blättern.

Tollkirschen findet man vor allem an Berghängen, besonders lieben sie die offenen Flächen, an denen der Wald geschlagen wurde, so genannte „Schläge".

Schon im Frühsommer, wenn sie blüht, erkennt man sie leicht: Ihre Blüten sind dunkelviolette Glöckchen, fast wie Enziane, die in den Zweigen hängen. Und aus ihnen entstehen im Herbst die prallen, schwarz glänzenden „Kirschen", die so giftig sind, dass man auch nicht eine davon kosten darf! Spätestens, wenn man hineinbeißt, müsste man eigentlich merken, dass es keine Kirsche ist und sie sofort ausspucken: Kirschen haben einen harten Kern, die Tollkirsche enthält viele kleine Samenkörner, ähnlich wie eine Tomate.

Dabei ist ihr Gift in allen Apotheken vorhanden: stark verdünnt ist es nämlich ein Heilmittel! Bei den Römern haben Frauen Tollkirschensaft mit Wasser verdünnt, mit verschiedenen Schminkfarben angerührt und um die Augen gestrichen, weil dann die Augen glänzen und groß werden. Darum nennen die Apotheker dieses Gift auch heute noch „Belladonna", also „schöne Frau"; und so heißt auch die Tollkirsche mit einem ihrer wissenschaftlichen Namen.

Auch Ärzte benutzen heute dieses Gift, aber nicht um jemanden zu vergiften! Sie träufeln ganz kleine Mengen davon in die Augen, wenn sie bei einem Patienten das Innere seines Auges betrachten wollen. Das geht nämlich nur durch das kleine schwarze Loch in der Mitte, die bunte Regenbogenhaut, die Pupille. Diese wird durch das Tollkirschengift weit geöffnet, so dass der Arzt hineinschauen kann.

Die Königskerze

Eine der eindrucksvollsten Sommerblumen ist die Königskerze, ein wunderbarer Name für eine wunderbare Pflanze:

Auf einem Stängel, über 2 Meter hoch und dick wie ein Spazierstock, stehen dicht übereinander auffallend leuchtend gelbe Blüten, die auch aus der Ferne wie eine helle Fackel zu sehen sind. Leider blühen sie nicht alle zugleich: Wenn die unteren blühen, sind die oberen noch in Knospen. Dann gehen langsam auch diese auf, wenn die unteren schon verblüht sind. Wenn du also eine Königskerze findest, die nur ganz oben offene Blüten hat, dann ist das schon das Ende, dann wird sie nach ein paar Tagen ganz verblüht sein. Das ist aber keine Besonderheit der Königskerzen. Alle Blumen, die viele Blüten übereinander tragen, blühen von unten nach oben auf.

Nach dem Verblühen kannst du aus dem Stängel wirklich einen Spazierstock schnitzen: So einen kerzengeraden Stock gibt es nur selten!

Sensationell sind die Blätter: Sie stehen in einer unglaublichen Rosette (bei einer Rosette stehen viele Blätter in einem Kranz auf dem Boden zusammen)! Ein Meter Durchmesser ist keine Seltenheit, die Blätter sind fast einen halben Meter lang, sehr weich und fast graugrün. Wie kommt das? Wenn du eine Lupe nimmst (oder sehr genau schaust), dann siehst du, dass die Blätter einen weißen Haarfilz tragen, sie fühlen sich sehr weich an.

Auch die schönste Königskerze lebt nur zwei Jahre. Im ersten Jahr bringt sie nur Blätter hervor, im zweiten Jahr kommt dann die Blütenfackel dazu. Danach stirbt sie ab. Vorher aber hat sie viele Samen erzeugt, die zu Boden gefallen sind und im nächsten Jahr zu einer neuen schönen Königskerze keimen.

Die Königskerze ist ein gutes Beispiel dafür, dass schöne Pflanzen oft an den schäbigsten Stellen wachsen. Königskerzen darf man nicht im Garten, im Wald oder in der Wiese suchen! Sie leben auf Schotterufern, Straßenrändern, an Bahndämmen, dort, wo es kaum gute Erde, aber viel Schotter und Sand gibt. In dieser Umgebung müssen sie dafür sorgen, dass ihre Riesenblätter nicht verdorren. Die Haare sind ein Schutz gegen die Sonne, gerade so, wie ein Frottee-Handtuch auch weniger leicht austrocknet als ein Taschentuch.

Die Akelei

Genauso ausgefallen wie ihr Name ist die ganze Pflanze. Es handelt sich bestimmt um eine der sensationellsten heimischen Wiesenblumen. Dabei ist sie nicht einmal sehr selten, aber trotzdem bin ich selber immer wieder aufgeregt, wenn ich eine finde.

Wie immer sagt ein Bild mehr als jede Beschreibung, aber wir wollen es einmal versuchen: Ihre tiefblaue Blüte nickt, das heißt sie schaut nach unten, und ist fast 3 cm groß. Das Besondere ist, dass zwischen ihren Blumenkronblättern 5 richtige Stanitzelblätter sitzen, die mit der Öffnung nach unten im Kreis stehen. Die dünnen Enden der Stanitzel sind eingerollt und ragen wie kleine Schnecken nach oben. Nur wenn man die Blüte ein wenig anhebt, sieht man hinein, wo ein strahlend gelbes Bündel aus Staubblättern sofort auffällt.

Da taucht natürlich die Frage auf: Was soll das? Ist vielleicht in den Stanitzeln etwas versteckt? Und genau das ist es! Hier oben, in der schneckenartig gerollten Spitze, wird der Nektar erzeugt, den sich die Bienen holen sollen. Sie müssen dabei eine tolle Turnleistung vollführen, und das nützt der Akelei: Denn bei der Turnerei berührt die Biene die Staubblätter und stäubt sich mit Pollen ein, den sie in der nächsten Akeleiblüte beim Bauchaufschwung an deren Narbe abstreift, wodurch sie bestäubt wird.

Auch die Blätter sind sehr hübsch: Recht groß, aber spitzenartig durchbrochen, sie bestehen aus vielen kleinen rundlichen Blättchen. Sie sind so typisch, dass man auch anderen Pflanzen, die ähnliche Blätter haben, als „akelei-blättrig" bezeichnet.

Die Akelei wächst auf Wiesen und an Waldrändern, aber nie in großen Mengen. Meist sind es nur zwei oder drei, die beisammenstehen. Dafür wird die Pflanze fast kniehoch. Sie ist so auffallend, dass man sie mit einigem Geschick sogar aus einem fahrenden Auto rasch entdeckt.

Es gibt bei uns zwei Arten: Eine blüht hellblau, die andere tintenblau. Man hat aber auch Gartenblumen aus ihnen gezüchtet, die sind dann ein wenig größer. Und diese gibt es von weiß über orange bis rot in allen Farben. Aber alle haben typische Akelei-Blüten und -Blätter!

Der Blutweiderich und der Rohrkolben

Der wilde Name trügt: Es geht um eine wunderschöne, allerdings wirklich blutrot gefärbte Pflanze. Doch um sie zu sehen, müssen wir ans Wasser, ins Röhricht, ganz egal, ob an ein Seeufer, an einen träge fließenden Bach oder an einen Altarm in der Au.

Röhricht ist der Sammelname für das mannshohe Dickicht, das an vielen Seeufern steht. Die wichtigste Pflanze ist das Schilf, mit seinen hohlen röhrenförmigen Stängeln hat es dem Ganzen den Namen gegeben. Dazu kommen Binsen und viele andere Pflanzen.

Eine davon ist der **Blutweiderich**. Das ist zugleich jener, den man am leichtesten erkennt: Eine hohe Pflanze, von unten bis oben mit purpurroten Blüten dicht bedeckt. Manche beschreiben ihn als „rote Flaschenbürste“. Die Blumenkronen sind tief geschlitzt und die Blüten stehen so eng, dass man oft nicht erkennen kann, wo eine aufhört und die andere anfängt. Dazu stehen die Staubblätter stark gebogen heraus und verstärken noch den Eindruck der Flaschenbürste.

Die Blätter fallen gar nicht auf, es sind einfache weidenblattförmige Blätter, die im Röhricht untergehen. Sie sind auch für uns nicht wichtig: Die hohe, dünne strahlend-rote Blütenähre ist so typisch, nichts ist vergleichbar mit ihr.

Zum Röhricht zählen noch andere interessante Gesellen: z.B. der **Rohrkolben**. Niemand kann ihn übersehen. Auf einem hohen dicken Stängel steht oben eine samtbraune Walze, die den Stängel umgibt, der als dünner Spieß oben herausragt. „Schilfzigarre“ nennen die Kinder sie. Die Blätter sind schmal und ragen wie Schwerter rund um den Hauptstängel aus dem Boden oder eben aus dem Wasser.

Das Tolle an ihm ist diese schöne braune Walze. Viele pflücken den Rohrkolben, weil sie gerne diese langen Stiele mit den braunen Kolben in die Vase stellen und eintrocken lassen. Sie glauben, sie hätten einen besonders eindrucksvollen Zimmerschmuck bekommen: Wochenlang haben sie einen schönen Vasenschmuck, dann beginnt er aufzuquellen, ja sich aufzulösen, einzelne Flocken lösen sich ab und bald ist die ganze Wohnung erfüllt von stiebenden Flocken, die aber nicht weiß, sondern hellbraun sind. Was ist da los?

Der Rohrkolben hat nur getan, wozu er von der Natur gemacht wurde! Er enthält nämlich zuerst die Blüten, später dann eng gedrängt die werdenden Samen, die schließlich reifen und mit kleinen Fallschirmen in alle Richtungen davonsegeln.

Manche nehmen Haarspray und sprühen rechtzeitig den ganzen Kolben ein. Dann kann er sich zwar nicht auflösen, wird aber klebrig und verliert das samtige Aussehen.

Daher lassen wir die schönen Rohrkolben stehen, wo sie sind. Und begnügen wir uns mit dem Anschauen und Bewundern!

Die Brennnessel

Zugegeben, eine schöne Blume ist die Brennnessel nicht. Andererseits ist sie so eine interessante und wichtige Pflanze, dass es sich lohnt, sie ein bisschen genauer anzusehen.

Womit brennt sie uns eigentlich, die Brennnessel? Da genügt es, eine Brennnessel gegen den Himmel zu halten – und schon sieht man auf den Blättern, am besten aber auf den Blattadern auf der Unterseite, glasklare kleine Spieße: die Brennhaare. Mit einer Lupe kann man erkennen, dass jedes ein winziges Kügelchen an der Spitze trägt. Stößt man an, bricht das Kügelchen ab, das Brennhaar sticht wie eine Injektionsspritze in die Haut und „impft" den brennenden Saft hinein. Dadurch juckt die Haut, wird rot, bildet Blasen oder so genannte „Quaddeln", wie der Arzt das nennt.

Trotzdem kann man die schreckliche Brennerin essen: Besonders im Frühling geben die jungen Brennnesseln einen sehr gesunden Tee und Spinat ab. Keine Angst, durch das Kochen werden die Brennhaare zerstört!

Wie gesund die Brennnessel ist, das wissen auch viele Schmetterlinge wie das Tagpfauenauge: Seine Raupen ernähren sich nur von Brennnesseln, sie können gar nichts anderes essen.

Die Brennnessel kann noch mehr: Von der Steinzeit bis ins Mittelalter haben sich Menschen Kleider, vor allem Hemden, aus Brennnesseln genäht. Im Winter, wenn die Brennnessel abgestorben ist, zerlegt der Frost ihre Stängel in lange Fasern, die man früher wie Flachs oder Baumwolle versponnen und vernäht hat. So entstand das „Nesselhemd", das wichtigste Kleidungsstück eines mittelalterlichen Bauern.

Ist die Brennnessel aber wirklich keine Blume? Sie hat natürlich Blüten, aber winzige, und die sieht man auch: Wie kurze Perlenschnüre hängen sie aus den Blattachseln. Sie haben allerdings nur entweder Stempel (dann ist die Blüte weiblich) oder nur Staubblätter (diese Brennnesseln sind männlich).

An sonnigen Tagen im Frühjahr blühen viele männliche Blüten auf. Ihre Staubblätter sind wie Springfedern eingerollt und schnellen wie Uhrfedern richtig auf und „schießen" eine Wolke von Blütenstaub in die Luft, damit sie der Wind zu den Weibchen trägt. Das ist eine tolle Beobachtung: Man setzt sich (bei strahlendem Sonnenschein) ein Weilchen vor eine männliche Brennnessel und wartet ab: Immer wieder pufft ein kleines Staubwölkchen in die Luft, man glaubt sogar, die Mini-Schüsse zu hören.

Die Blüten erkennt man mit der Lupe. Damit sehen die Weibchen wie Kügelchen aus, die Männchen wie kleine Sternchen. Zumindest die, die ihren Blütenstaub schon abgeschossen haben.

Der Wiesensalbei

Wenn der Sommer kommt, dann blüht auch der Wiesensalbei. Er ist bestimmt eine unserer auffallendsten Wiesenblumen, die „blaueste" aller Blumen! Daran kann man ihn erkennen: Auf einem kniehohen Stängel stehen übereinander viele blitzblaue Blüten, die weithin zu sehen sind, noch dazu, weil der Wiesensalbei häufig in großen Mengen nebeneinander steht.

Die Blüten sehen aus wie ein aufgerissenes Schlangenmaul mit einer Oberlippe und einer Unterlippe. So schauen allerdings auch alle ihre Verwandten aus, die Familie der Lippenblütler. Aber keine davon ist auch nur annähernd so tiefblau wie der Wiesensalbei.

Die Ähnlichkeit mit einer Schlange geht noch weiter: Aus der Blüte ragt eine gespaltene Zunge! Allerdings grün und an der Oberlippe, nicht unten, wo die Schlangen sie haben. Und diese Zunge ist die Narbe, die nur darauf wartet, dass jemand Blütenstaub an ihr abstreift.

Dieser Jemand sind Hummeln und Bienen. Aber wo ist der Blütenstaub? Blütenstaub ist ja gelb, man müsste ihn also in der blauen Blüte sofort sehen!

Das ist nicht das einzige Rätsel am Wiesensalbei. Sein Schlangenmaul hat auch einen Rachen! Eine tiefe Röhre, in welcher auch der Nektar als Lockmittel für die Bienen liegt. Wenn man von vorne in die Blüte blickt, sieht man nicht in die Röhre – sie wird durch eine weißliche Platte versperrt. Denn der Salbei will die Bienen und Hummeln zwingen, für ihn zu arbeiten, erst dann bekommen sie den Nektar. Und das geht so: Diese Platte lässt sich wie ein Dachfenster hochklappen. Das machen die Hummeln mit ihrer Stirn, weil sich dadurch die Röhre zum Nektar auftut. Jetzt aber kommt eine kleine Sensation! Die Platte ist nämlich fest mit den Staubblättern verbunden, zusammen bilden sie eine Wippschaukel. Und wenn die Hummel die Platte anhebt, dann senken sich gleichzeitig die Staubblätter von oben auf ihren Rücken und stäuben ihren Pelz mit Blütenstaub voll. Kriecht die Hummel wieder heraus, dann fällt die Klappe herab und die Staubblätter schwenken nach oben, zurück unter die Oberlippe.

Nun kommt das Beste: Du kannst das nachmachen! Spiel doch einmal Hummel und steck einen festen Grashalm in die Blüte: Sobald du die Platte hebst, kommen die beiden Staubblätter herab. Wenn du den Grashalm zurückziehst, verschwinden sie wieder nach oben. Das kann man ein paar Mal hintereinander machen – und der schönen Blüte schadet es nicht.

Es lohnt sich auch, am Wiesensalbei zu riechen: Die ganze Pflanze liefert einen starken Duft von so genannten ätherischen Ölen. Kein Wunder, ein Verwandter des Wiesensalbeis, der Echte Salbei, ist sogar eine Heilpflanze: Salbeitee ist das beste Mittel gegen Halsentzündungen.

Glockenblumen

Es gibt sehr, sehr viele verschiedene Arten von Glockenblumen. Allerdings sind sie alle gut zu erkennen: Alle sind blau, manche heller, manche dunkler, alle haben Blüten, die wie blaue Glocken aussehen, alle sehen sehr hübsch aus, wenn man ihnen ins Gesicht schaut.

Die häufigste Glockenblume, die im Sommer in vielen Wiesen und auf Feldrainen blüht, ist die **Wiesenglockenblume**. Sie hat kurze breite Glocken und ist hellviolett gefärbt. Meist stehen mehrere Blüten mit einem eigenen Stiel auf einem gemeinsamen Stängel.

Ihre größte Verwandte findest du in lichten Wäldern und Gebüschen: die **Nesselblättrige Glockenblume**. Sie heißt so, weil ihre Blätter fast genauso aussehen wie die der Brennnessel. Brennnesseln aber haben ja nur unscheinbare grünliche Blütchen, die wie kleine Perlschnüre herunterhängen. Die Nesselblättrige Glockenblume dagegen trägt schöne, große, dunkelblaue Blüten, die aus den Achseln der Blätter herauswachsen. So entsteht eine richtige Kerze aus Blüten, zwischen denen immer wieder Blätter stehen. Und – leider! – blühen immer nur ein paar Blüten auf: zuerst die untersten, dann die darüberliegenden, erst zuletzt die obersten. Die Blüten, die über den gerade aufgeblühten stehen, sind noch Knospen und öffnen sich erst danach, eine nach der anderen.

Oft steht in ihrer Nähe eine Verwandte: die **Pfirsichblättrige Glockenblume**. Die sieht fast genauso aus, hat aber lange schmale Blätter (wie der Pfirsichbaum), vor allem unter den Blüten. Dafür trägt sie zwischen den Blüten nur kleine Blätter, sodass sich eine noch schönere Kerze aus Glockenblüten bildet.

Wenn du manchmal auf die Berge wandern gehst, kannst du eine vierte, vielleicht die herzigste, Glockenblume finden: die *Bärtige Glockenblume*. Wie der Name sagt, hat sie einen Bart: Ihre Blütenglocken tragen einen Kranz aus Haaren, der aus der Blüte ragt. Damit ist sie unverwechselbar! Sie trägt nur wenige hellblaue, längliche Glockenblüten, wird höchstens 20 cm hoch. Ihr Stängel hat fast keine Blätter, die stehen alle am Grund, also auf der Erde, in Form einer Rosette. Man muss kein Kletterer sein, um sie zu finden – schon am Weg nach oben steht sie auf den Almwiesen und läutet den Sommer ein.

Der Enzian

Ich hätte doch lieber „die Enziane“ sagen sollen! Viele Menschen glauben nämlich, es gibt nur einen „Enzian“, nämlich den, den man auf allen Alpenkalendern sieht und der zusammen mit dem Edelweiß fast zur Wappenblume von Österreich geworden ist. Das ist aber nur einer von vielen, allerdings der berühmteste, wahrscheinlich schönste und tollste Enzian.

Mit vollem Namen heißt er **Stängelloser Enzian**. Und zwar, weil viele glauben, dass er keinen Stängel hat. Hat er aber! Nur eben einen sehr kurzen, den keiner anschaut, weil alle begeistert die große, tiefblaue Trichterblüte bewundern, die aus dem Almboden herauswächst.

Bei Schlechtwetter schließt er seine Blüte, indem er die 5 Zipfel nach innen biegt. Nun ist er ein verschlossener Trichter, der gar nicht mehr so aussieht wie im Buch! Er macht das, damit es nicht hineinregnet, und Bienen kommen bei schlechtem Wetter ohnedies nicht zu Besuch.

Hast du einem Enzian schon einmal tief ins Blütenherz geblickt? Das lohnt sich! Denn wie bringt eine mehrere Zentimeter tiefe, immer enger werdende Röhre die Hummeln dazu, da hineinzukriechen? Nur so können sie den Enzian bestäuben!

Wenn du in einen Enzian von oben hineinschaust, siehst du am Blütengrund 5 gelbliche Gruben. In jeder liegt ein Tropfen von süßem Nektar. Jede Hummel wäre ja schön doof, würde sie nicht alle Tropfen aufsaugen! Also zwängt sie sich in die Blüte und steckt ihren Rüssel in das erste Näpfchen. Dann muss sie wieder rückwärts herauskriechen, um zum nächsten Näpfchen zu gelangen. Und durch das ewige Hinaus und Herein streift sie die Staubblätter ab, nimmt den Blütenstaub auf und streift ihn an der nächsten Enzianblüte wieder ab.

Häufiger als der berühmte Enzian ist der kleine, blitzblaue **Wiesenenzian**, der im Volksmund „Schusternagel“ genannt wird. Denn die Nägel, mit denen ein Schuster früher Nagelschuhe gemacht hat, hatten einen sehr breiten Kopf. Und genauso hat der Wiesenenzian eine sehr schmale Blütenröhre und oben eine ausgebreitete Platte aus Blumenkronblättern. Da passt niemals eine Hummel hinein! Nur ein Schmetterling mit seinem Saugrüssel kann zum Nektar vorstoßen, und dabei dippt er sein Gesicht in die Blüte. Bei jedem Wiesenenzian versperrt ein blassgelbes Bummerl den Eingang in die Röhre. Das sind die Staubblätter!

Das Rote Riesenspringkraut

Das ist wirklich ein Riese! Über zweieinhalb Meter hoch wird das Springkraut, sein Stängel wird dicker als ein Besenstiel und bleibt bis zum Schluss grün, glasig, fast durchsichtig.

Die Blüten hängen auf einzelnen Blütenstielen oben im Gezweig des Stängels. Sie sind rot, purpurrot, sehen aus wie hängende Töpfchen (sie sind so groß wie Mozartkugeln!) mit einer weiten Öffnung, durch die man gut ins Innere sehen kann. Da drinnen halten sie auch den Nektar versteckt, Bienen und Hummeln müssen ganz hineinkriechen, um ihn zu erreichen, und rückwärts wieder hinauskrabbeln.

Die Pflanze ist sehr eindrucksvoll und kommt mancherorts in riesigen Mengen vor.
Für unsere Großeltern war es noch eine wahre Sensation, so eine Blume zu finden. Sie ist nämlich keine heimische Pflanze. Sie ist eingewandert, wahrscheinlich aus Gärten, wo man sie als besondere Zierpflanze hielt. Sie kam aus dem Himalaya, wo sie irgendeinem Pflanzenfreund besonders gefallen hat.

Wieso aber „springt" das Springkraut? Es springt natürlich gar nicht, aber seine Früchte, die springen auf. Das sind vielleicht die tollsten Früchte einer krautigen Pflanze (krautige Pflanzen sind solche, die kein Holz haben, also keine Bäume oder Sträucher sind), die man sich denken kann.

Ende August geht es los. Da fallen die Blüten ab, nur eine dünne, grüne Spindel bleibt zurück – das ist die Frucht. Die aber wird dicker und dicker, praller und praller, bis 4 cm lang, ihre Hülle wird gespannt wie eine Stahlfeder und schließlich, wenn die Samen darin reif genug sind, dann platzt sie bei jeder kleinsten Berührung und schleudert wie eine Schleuder die Samen von sich. Bis zu zwei Meter können sie fliegen. Für viele ist es eine eigene Belustigung, die Spindeln anzugreifen und in der Hand explodieren zu lassen. Manchmal genügt es, am Stängel anzustoßen, und schon geht ein wahres Geknatter aus weggeschleuderten Samen los.

Dann riecht man auch den Namen dieser Pflanze: *„Drüsiges Springkraut"*. Sie ist mit vielen Drüsen besetzt, die einen balsamartigen Aromaduft ausspritzen, nach dem man noch lange riecht.

Die Samen kann man essen (wenn sie reif sind, sind sie braun bis schwarz), sie schmecken wie Haselnüsse. Und der Pflanze bleiben auch nach einer solchen Jause immer noch genug Samen fürs nächste Jahr übrig.

Und das ist das Unglaubliche: Die ganze riesige Pflanze lebt nur ein Jahr. Am Ende stirbt sie vollständig ab und hinterlässt nur ihre Samen im Boden, wo sie im nächsten Frühjahr keimen. Genau wie sie macht es auch ein anderer Riese: die Sonnenblume.

Die Goldrute

Sie ist eine der schönsten und mächtigsten Pflanzen: Fast mannshoch wird sie und breitet oben eine richtige „Krone“ aus vielen dünnen, querliegenden Ästchen aus, die über und über mit leuchtend gelben, kleinen Blüten besetzt sind. Da die Goldruten meist massenhaft beisammen stehen, bilden sie ein strahlend gelbes Dickicht, über dem ständig Scharen von Bienen, Hummeln, Schmetterlingen und Fliegen schweben und sich mit Nektar versorgen.

Diese schöne Blume hat noch kein Römer gekannt! Auch nicht Asterix, Obelix oder Miraculix, der sie vielleicht in einen Zaubertrank hätte mischen können. Denn die Goldrute ist ein Zuwanderer aus Nordamerika! Sie bildet winzige Samen, die wie Schneeflocken vom Wind verweht werden. So kam sie wohl auch in die Transportkisten von Waren aus Amerika und hat bei uns gleich Wurzeln geschlagen.

Das tat sie in solchen Mengen, dass sie viele heimische Pflanzen verdrängt hat. Es gibt ja mancherorts richtige Goldrutendschungel, in denen sonst nichts mehr wächst. Daher haben Förster, Bauern und Naturschützer begonnen, die Pflanze an vielen Stellen wieder auszureißen.

Die Bienenzüchter haben aber etwas dagegen! Denn die Goldrute ist für die Bienchen gewissermaßen ein „gefundenes Fressen“, kommt massenweise vor und blüht noch lange in den Herbst hinein, wenn die anderen Pflanzen schon verblüht sind.

Dass sich die Goldrute so rasend vermehrt, liegt nicht nur an den kleinen Schwebesamen. Du musst dir einmal anschauen, was da aus dem Boden kommt, wenn man Goldruten ausreißt! An ihnen hängt ein weitverzweigtes Büschel von Wurzeln und Erdstämmen, die nach allen Seiten neue rote Triebe schicken. Aus jedem wird wieder eine Goldrute. Das bedeutet: Jede Goldrute bildet sehr rasch hunderte von Geschwistern, die sich daranmachen, ein neues Gebiet zu erobern.

Die Wilde Möhre

Wer im Sommer durch die Wiesen geht, dem müssen sie auffallen: hohe Pflanzen mit großen, weißen Blütenschirmen aus zahllosen winzigen Blüten. Die Blätter sind bei den meisten fein zerteilt, die Stängel sind hohl und oft dicker als ein Spazierstock. Das sind die **Doldenblütler**. So ähnlich sie einander sehen, es gibt von ihnen so viele verschiedene Arten, dass sie nur sehr gute Botaniker auseinanderhalten. Einige sind giftig, sehr giftig sogar, wie der Schierling und der Wasserschierling, andere wieder sind essbar und gut, sind sogar zu Gemüsepflanzen geworden (wie Petersilie, Sellerie und Liebstöckel).

Eine von ihnen blüht bis spät in den Herbst und ist sehr leicht zu erkennen: die *Wilde Möhre*, die Ahnherrin unserer Karotte. Irgendwann vor ein paar tausend Jahren haben unsere Vorfahren entdeckt, dass ihre weißliche, dicke Pfahlwurzel, die zwar scharf schmeckt, aber würzig riecht, durch Zucht zu einer dicken, fleischigen, gelbroten, angenehm schmeckenden Karotte wird. Seither ist sie von unserem Gemüseteller nicht wegzudenken. Ihre Blätter sind fein zerteilt und haben auch einen besonderen Liebhaber: Die wunderschönen Raupen des Schwalbenschwanzes, eines unserer prächtigsten Tagfalter, fressen mit Vorliebe Karottenblätter.

An zwei Kennzeichen kann man die Wilde Möhre erkennen: Die Blütenschirme aus vielen kleinen weißen Blüten enthalten in der Mitte eine Blüte, die entweder schwarz oder rot ist, das „Mohrenköpfchen“. Das hat kein anderer Doldenblütler.

Die ganze Dolde (das ist der Blütenschirm) steckt in einer „Halskrause“ aus steifen, fein zerteilten und verzweigten Blättern. Sie ist besonders gut zu erkennen, bevor die Blüten aufgeblüht sind. Da ragt die Halskrause weit über den (noch zusammengefalteten) Blütenschirm hinaus. Und selbst wenn die Blüten verblüht sind, also viele kleine Früchte tragen, ist die Halskrause immer noch zu erkennen.

Die Pflanze ist so häufig, dass du ruhig eine samt der Rübenwurzel ausreißen kannst. Die musst du dann waschen und danach ein paarmal brechen: Sofort riechst du den starken Karottengeruch. Nur wenn du hineinbeißt, wirst du enttäuscht sein: Die Rübe ist holzig und schmeckt sehr scharf.

Die Herbstzeitlose

Der Name sagt es schon: Eine Blume, die das Gefühl für die richtige Zeit verloren hat und ausgerechnet im Herbst blüht! Die Pflanze ist jedoch das ganze Jahr über da, sogar schon im Frühling. Da aber zeigt sie nur ihre Blätter. Und die sind verschwunden, wenn ihre Blüte erscheint.

Die Pflanze ist nicht nur eine unserer schönsten Blumen, sie ist auch eine der giftigsten überhaupt! Sie ist so *giftig*, dass manche Menschen mit dünner Haut schon ins Krankenhaus müssen, wenn sie sie nur abgerissen haben und ihr Saft auf die Haut getropft ist. Gerade darum ist es sehr wichtig, dass du sie ganz genau kennst!

Zuerst zur Blüte: Wenn im Herbst auf einer Wiese eine Menge von dunkelrosa Trichterblüten auftaucht, alle mit blassrosa Stiel, etwa 12 cm hoch (also so hoch wie ein Bleistift lang ist), alle ohne Blätter, dann sind das hundertprozentig Herbstzeitlosen. Schau sie ruhig an, blick ihnen ins Gesicht, aber greif sie nicht an. Auch die Bienen dürfen straflos in ihnen herumturnen, sie sammeln ja nur den Blütenstaub, sie essen die Pflanze nicht.

Nun zu den Blättern: Schon im Frühjahr kommen sie aus der Erde, derb und fleischig, dunkler grün als alle Pflanzen ringsum und wie glänzend lackiert. Sie werden immer größer und höher, sind schließlich ein Büschel aus drei bis vier Blättern auf einem dicken Stiel. Und dann siehst du in ihrer Mitte oft einen gelbgrünen Knopf, so groß wie eine Walnuss: Das ist ihre Frucht, in der die Samen sind.

Oft ist eine Wiese voll davon. Auch das Vieh lässt sie stehen, weil die Kühe wissen, dass sie giftig sind. Du solltest diese Blätter buchstäblich „auswendig lernen“, denn am Anfang, wenn sie noch klein sind, kann man sie mit einem schmackhaften Wildgemüse verwechseln: dem Bärlauch. Und diese Verwechslung wäre ganz fürchterlich, es gibt nämlich kein Heilmittel gegen das Herbstzeitlosengift! Die Blätter vom Bärlauch haben jedoch einen langen Stiel; die der Herbstzeitlosen sehen aber aus, als hätten sie keinen. Der kommt erst später heraus, zusammen mit den restlichen Blättern.

Dann plötzlich sind sie weg, die Blätter und die Blüten. Im Winter lebt nur noch tief unter der Erde die Knolle der Herbstzeitlose, aus der sie im nächsten Jahr erst die Blätter und die Frucht treibt. Dann im Herbst kommen wieder die Blüten.

Die Besenheide

Im Herbst kann es passieren, dass sich plötzlich große Flächen dunkelrot färben. Meist sind es trockene Landschaften, ausgetrocknete Moore und Ähnliches. In Norddeutschland und in Schottland sind es viele Quadratkilometer des „Heidelandes", auf denen unsere Pflanze blüht. In die Lüneburger Heide in Norddeutschland fahren sogar viele Touristen, nur um die Heide blühen zu sehen!

Bei uns sind es keine großen Flächen, aber man sieht sie überall, diese kleine, aber leuchtende Pflanze: die Besenheide. Man kann auch „Heidekraut" zu ihr sagen, obwohl der Name falsch ist. Denn „Kraut" heißen nur Pflanzen, die kein Holz haben. Die Besenheide aber ist ein Zwergstrauch, ein Mini-Strauch aus Holz, kaum höher als 20 cm, aber da seine Zweige auf dem Boden liegen, merkt das niemand so recht.

Viele verwechseln sie auch mit der Schneeheide, der Erika, obwohl das nicht passieren dürfte. Die ist zwar auch ein Zwergstrauch, also ein Holzgewächs, aber Erika blüht im Frühling, Besenheide im Herbst! Sie hält viel aus, auch abgebrochene Zweige blühen noch lange vor sich hin, darum nimmt man sie gerne zu Allerheiligen als Grabschmuck. Aber gerade hier trifft man sie Seite an Seite mit einer vom Gärtner gezüchteten Erika, die zur falschen Zeit blüht – und nun wird es kompliziert: Wer kann die beiden unterscheiden?

Am einfachsten ist der Blick auf die Blätter. Erika hat Nadeln, die nach allen Seiten abstehen wie bei einem kleinen Fichtenbäumchen. Die Besenheide hat schuppenförmige Blättchen, die eng an den Zweigen anliegen. Erika hat größere, lockerstehende, glockenförmige Blüten, die Besenheide hat kleine, eng aneinanderstehende Blüten, die nicht wie Glöckchen aussehen.

Die Besenheide ist eine so genannte „Zeigerpflanze": Das heißt, botanische Detektive können durch sie viel über den Standort aussagen, auf dem sie wächst. Sie mag vor allem kargen Boden, wie er zum Beispiel über Felsblöcken entsteht, oder Böden, in dem viele Säuren sind – und das mögen wieder viele andere Pflanzen nicht. Sie mag Trockenheit und Hitze, daher sind die kleinen Besenheidegebüsche die besten Plätze, an denen man im Frühling (wenn sie nicht blüht!) die ersten Eidechsen und Blindschleichen sehen kann.

Auch die Imker lieben die Besenheide. Sie blüht so spät, dass sich die Bienen noch einmal mit Nektar volltanken können, bevor es kalt wird und sie sich alle in die Winterruhe begeben.

Die Wegwarte

Die Wegwarte beginnt zwar schon im Juli zu blühen, ist aber bis weit in den Herbst noch zu sehen. Strahlend blaue große Blütenköpfe, flach ausgebreitet, stehen auf einem hohen, sparrig verzweigten Stängel. „Sparrig" bedeutet: Die Seitenäste und -zweige stehen waagrecht vom Hauptstängel ab und verzweigen sich auf die gleiche Art. Es blühen immer nur ein paar Blüten, die anderen sind entweder noch Knospen oder schon verblüht.

Jetzt ist mir ein Fehler passiert! Die hübschen blauen Blütensterne sind nämlich keine einzelnen Blüten. Die Wegwarte ist ein **Korbblütler**, und diese verwenden alle denselben Trick: Viele kleine Blüten stehen in einem Rad oder Kopf beisammen und die sehen dann so aus, als wären sie nur eine einzige Blüte. Genauso machen es die Sonnenblume, der Löwenzahn, die Margerite, das Gänseblümchen und alle Disteln und Kletten.

Schon den alten Germanen war die schöne Pflanze aufgefallen. Sie haben sich eine Sage erzählt: Eine Jungfrau, deren Liebster in den Krieg gezogen war, konnte dessen Heimkehr nicht erwarten und beschloss, am Wegrand zu warten, bis er zurückkommt. Für so viel Liebe und Treue haben die Götter sie in eine Blume verwandelt, eben in die Wegwarte, die „am Wege wartet".

Was man der Pflanze nicht ansieht: Sie spielt auch in der Küche eine besondere Rolle, zumindest die aus ihr gezüchtete Gemüsepflanze, die Zichorie. Sie bereichert die Küche gleich auf zweierlei Weise.

Da wäre einmal ihre Pfahlwurzel. Die wird zerkleinert, geröstet und gemahlen und ergibt einen Kaffee, den man viel getrunken hat, als der echte Kaffee (aus Kaffeebohnen) zu teuer war: „Zichorienkaffee". Außerdem fehlt ihm das Aufputschmittel Coffein, daher können ihn auch Kinder und alte Leute trinken und danach trotzdem gut schlafen.

Andererseits kann man die jungen Pflanzen zudecken. Sie werden dann dick und fleischig und können als Salat gegessen werden. Sie schmecken leicht bitter und bekommen je nach Sorte verschiedene Farben. Sind sie gelblich und länglich, dann ist das der „Chicorée" (sprich: „Schikoree"), den man im Supermarkt bekommt. Sind sie rotweiß geflammt und fest wie ein Krautkopf, dann ist das der „Radicchio" (sprich „Radikio"): Ein leicht bitter schmeckender Salat, den man bei uns vor allem im Winter kaufen kann.

Wenn auch ihre Verwandten essbar sind, so ist die Wegwarte doch einer unserer schönsten Herbstblüher, vor allem, wenn viele beisammen stehen und wie ein blitzblaues Geländer die Wege säumen.

Die Erdkröte

Sie war früher ein beliebter Gast in den Gemüsegärten der Bauern: Dort hockte sie zwischen den Pflanzen und pflückte Raupen, Schnecken, Würmer und andere Kleintiere von den Blättern – ein natürlicher Helfer gegen Schädlinge. Heute treffen nur noch die Bio-Gärtner die großen, erdbraun gefärbten Tiere an. Denn wenn man die Raupen mit so genannten „Pflanzenschutzmitteln" vergiftet, tötet man die Kröten gleich mit.

Viele finden sie hässlich: Plump, weich, die braune Haut mit kleinen Höckern übersät. Bei Gefahr kann die Kröte einen weißlichen Saft auspressen, der zwar für Menschen nicht wirklich giftig ist, aber schmerzende Entzündungen hervorruft, wenn er ins Auge oder auf die Lippen gerät. Dafür aber hat sie die schönsten Augen, die man sich denken kann: goldfarben mit dunklen Pünktchen.

Nur sehr selten hat man das Glück, bei einem Waldspaziergang eine Kröte zu sehen. Bitte nicht berühren! Denn Schweiß, Sonnencreme oder Gelsenschutzmittel auf den Händen ist schädlich für sie! Das gilt übrigens auch für ihre Verwandten, die Frösche.

Einmal im Jahr allerdings ist es leicht, eine Kröte zu sehen. Was heißt eine? Hunderte! Da ziehen sie aus Wald und Feld, aus Hecke und Busch zu einem Teich, einem Weiher, einem See. Denn nur im Wasser können sie sich fortpflanzen. Die Weibchen pressen dann ganze Schnüre aus Eiern aus und wickeln sie um Wasserpflanzen. Wie Ketten aus schwarzen Perlen sehen sie aus. Aus ihnen schlüpfen dann ihre Larven, kleine schwarze Kaulquappen, denen niemand ansehen würde, dass daraus einmal große Kröten werden. Nur der Hecht, der sie fressen will, merkt es: Voll Abscheu spuckt er Krötenkaulquappen wieder aus – sie haben bereits dasselbe Gift in der Haut wie die Mama.

Doch zuerst müssen die Eier befruchtet werden! Daher ziehen auch die Männchen ans Wasser und klettern den Weibchen auf den Rücken. Das geht gut, sind sie doch viel kleiner. Und während das Weibchen die Eier legt, mischt das Männchen einen weißlichen Saft dazu (der Fachmann nennt ihn „Sperma"), der enthält die mikroskopisch kleinen Befruchtungszellen (die „Spermien"), die die Eier befruchten.

In großen Mengen hüpfen die Kröten zum Wasser – und oft genug in den Tod! Denn wenn sie Straßen und Wege überqueren, werden viele von Autos, Motorrädern, Traktoren, ja sogar unachtsamen Radfahrern zerquetscht. Darum haben viele Naturschutzorganisationen den Straßenrand entlang niedrige Zäune gebaut, die die Kröten zu einem kleinen Tunnel unter der Straße leiten. Oder sie landen in Eimern, die man bis zum Rand in den Boden gegraben hat. Dort sammeln sie sich und werden von Helfern – auch viele Kinder sind dabei! – über die Straße getragen und in den Wald gekippt, damit sie weiter zu ihrem Laichgewässer wandern können. Die Eimer aber muss man ständig kontrollieren! Die Kröten leiden sehr darunter, wenn sie in großen Mengen gedrängt längere Zeit im Eimer sitzen. Aber würde es uns anders gehen?

Die Ringelnatter

„Eine Schlange!“ Zuweilen tönt ein Angstschrei durch die Luft. Die Ursache ist meist unsere am häufigsten anzutreffende Schlange: die Ringelnatter. Schiefergrau ihr Rücken, hell mit dunklen Flecken der Bauch (den man natürlich selten sieht, sie kriecht ja auf ihm!), an den Seiten des Kopfes das untrügliche Kennzeichen: zwei weißlich-gelbe, halbmondförmige Flecken. Große Augen mit kreisrunden Pupillen geben ihr ein richtig sympathisches Aussehen.

Es ist ja nicht ganz unvernünftig, vor Schlangen Angst zu haben, gibt es doch unter ihnen die giftigsten Tiere. Aber nicht bei uns! Da muss man schon nach Australien fahren, nach Texas oder in den Tropischen Regenwald, um wirklich gefährliche zu finden. Bei uns gibt es nur zwei Giftschlangen: die Kreuzotter und die Sandviper. Beide sind nur in den Bergen zuhause, und beide täten alles lieber als zubeißen. Aber wenn sie gestört werden, dann wehren sie sich eben.

Nichts von all dem trifft auf unsere Ringelnatter zu. Sie treibt sich gerne am Wasser herum, wo sich auch ihre Lieblingsbeute findet: Frösche und Fische. Sie schwimmt auch ausgezeichnet; dann ragt nur ihr Köpfchen übers Wasser, zieht ein „Kielwasser“ hinter sich, wie es auch Boote machen, ihr Körper aber schlägt in Wellenlinien das Wasser. Von oben ist das gut zu sehen.

Die meiste Zeit aber liegt sie an Land und sonnt sich. Reptilien brauchen viel Wärme, und die tankt sie, indem sie sich, eingeringelt, in die Sonne legt. Ob sie schläft oder nicht, sieht man nicht – keine Schlange kann die Augen schließen! Sie kann auch nicht hören, Schlangen sind taub. Aber mit ihrem empfindlichen Körper spüren sie jeden Tritt auf dem Boden und sind längst entflohen, wenn man in die Nähe kommt.

Anders, wenn man sich auf dem Fahrrad nähert. Räder rollen und erschüttern den Boden weit weniger. Sie fühlt den Radler nicht und bleibt liegen. Und da sie sich sehr gerne auf Straßen und Feldwege legt – die heizen sich so schön auf! – wird sie nicht selten von unaufmerksamen Radfahrern überrollt.

Die Weibchen sind deutlich größer als die Männchen, ihre Flecken am Kopf sind meist dunkler gefärbt. Ihre Eier legt sie schlauerweise in Falllaubhaufen oder auch in Komposthaufen, weil das faulende Laub Hitze erzeugt und so die Eier ausbrütet. Solltest du also an solchen Stellen einmal Eier finden, die etwa 3 cm lang sind, länglich und mit einer Schale, die sich wie ein Pingpong-Ball angreift, dann grab sie schnell wieder ein! Vielleicht hast du die Kinderwiege einer harmlosen Schlange gefunden.

Ganz sicher stammen sie von keiner Kreuzotter. Die legt nämlich keine Eier, sondern bringt lebende Junge zur Welt. Ebenso ihre Verwandte, die Sandviper.

Solltest du aber eine Ringelnatter angreifen oder in die Hand nehmen, pass trotzdem auf: Sie beißt zwar nicht, aber sie wehrt sich, indem sie einen stinkenden Saft ausspritzt, den man nur mit Seife wieder von den Händen wegbringt, aus den Kleidern aber nur durch sehr, sehr gründliches Waschen!

Die Forelle

Um eine Forelle zu sehen, muss man wohl in die Berge gehen! Denn nur dort gibt es die klaren hellen Bäche, die sie zum Leben braucht: Darum heißt sie mit dem vollen Namen „Bachforelle". In einem See, einem Weiher, einem träge dahin fließenden Fluss kann sie nicht leben, denn dort gibt es im Wasser zu wenig Sauerstoff. Du weißt ja, dass die Fische den Sauerstoff atmen, der im Wasser vorkommt.

Dafür ist sie ein sehr hübscher Fisch, trägt sie doch an den Flanken rote Tupfen mit blauem Rand. Außerdem hat sie eine Flosse mehr als andere Fische: Eine kleine, rundliche, so genannte Fettflosse zwischen der Rücken- und der Schwanzflosse. Aber das ist auch das Kennzeichen all ihrer Verwandten. Der größte davon ist der Lachs, der mit seinen eineinhalb Metern Länge mehr als sechsmal größer als die Bachforelle wird.

Klares Wasser braucht sie, weil sie „auf Sicht" jagt. Sie hat sehr scharfe Augen, und mit denen entdeckt sie kleine Fische, Larven, Wasserinsekten – eben alles, was sich im Bach bewegt. Dazu aber kommt eine ausgesprochen sportliche Jagdart: Unermüdlich späht sie von unten zur Wasseroberfläche, und wenn Fliegen, Käfer, Eintagsfliegen, Schmetterlinge, ja sogar Wespen knapp übers Wasser fliegen, nimmt sie Anlauf, springt aus dem Wasser und schnappt sie sich. Sogar Libellen erwischt sie zuweilen.

Diese Jagdart wurde ihr zum Verhängnis. Denn auch menschliche Angler machen sich einen Sport daraus, Fliegen (echte oder künstliche) am Angelhaken knapp über die Wasserfläche zu peitschen, um so die Forelle im Beutesprung zu erwischen. Aber vielleicht ist diese Art des Fischens ganz fair, schließlich hat die Forelle die Möglichkeit, nicht anzubeißen.

Auch für die Vermehrung brauchen Forellen einen klaren Bach. Ihre Eier sehen wie gelbliche Glaskügelchen aus, und die legt sie in Häufchen auf die kiesige Sohle des Baches. Sie sucht dabei Stellen aus, die durch Steine geschützt sind oder gar unter einen hohl liegenden Stein, denn es gibt viele Wassertiere, die die Eier fressen wollen, nicht zuletzt ihre Artgenossen!

Die gefährlichste Zeit im Leben der Forelle ist die Zeit nach dem Schlüpfen. Etwa drei Tage lang tragen die kleinen Jungforellen einen kugelrunden Bauch gefüllt mit Dotter, der sie ernährt, solange sie noch nicht selber fressen. Da torkeln sie hilflos durchs Wasser und müssen sehr viel Glück haben, um nicht vom Bach abgeschwemmt zu werden oder einem Räuber zum Opfer zu fallen! Erst danach können sie, rank und schlank und gut genährt, als kleine Fische selbst auf Jagd gehen.

Der Feuersalamander

An regnerischen Tagen, besonders nach dem Regen, kannst du im Wald einem der seltsamsten Tiere begegnen. So seltsam, dass sich viele vor ihm fürchten: dem Feuersalamander. Er ist ein **Lurch**, also ein Verwandter von Fröschen, Kröten und Molchen, und wie sie hat er eine glatte, feuchte Haut. Darum liebt er den Regen, denn seine Haut darf nicht austrocknen.

Das Besondere an ihm ist seine Färbung: Auf tiefschwarzem Untergrund leuchten knallgelbe oder orangerote Flecken, manche sind sogar erhaben. Nicht zwei Salamander haben dasselbe Fleckenmuster! Forscher, die sich mit Feuersalamandern wissenschaftlich betätigen, fotografieren jeden einzelnen und können dann, wenn sie wieder einen treffen, mit Hilfe des Fotos mühelos feststellen, ob sie ihn schon kennen.

Salamander sind länger als die Spanne eines Mannes (eine Spanne ist bei ausgestreckter Hand die Strecke von der Spitze des kleinen Fingers zur Spitze des Daumens), sind prall, oft recht dick, fassen sich ein wenig wie ein Gummitier an. Sie bewegen sich sehr behäbig fort: Wenn sie die Vorderpfötchen vorsetzen, biegt sich der ganze Körper nach. Ihre Zehen sind weich und Krallen haben sie nicht. Aber bitte nicht anfassen! Alle Lurche sind sehr empfindlich!

So ein wehrloses Tier muss sich natürlich schützen: Das macht es mit Hautdrüsen, die einen giftigen Saft abgeben. Und jedes Tier, das sich einmal an einem Feuersalamander vergriffen hat und sich das Maul gebrannt hat, merkt sich den Kerl mit den leuchtenden Flecken. Dazu hat er sie auch: Als Warnflagge „Vorsicht! Ich schmecke schlecht!“. Vor 500 Jahren entstand das Märchen, man könnte jedes Feuer auslöschen, wenn man einen Feuersalamander hineinwirft! Hoffentlich hat man das nur selten ausprobiert.

Einmal im Jahr trifft man Feuersalamander, vor allem die Weibchen, nicht im Wald, sondern an Bachrändern an: Ihre Jungen müssen, wie die Jungen aller Amphibien (so heißen die Lurche in der Wissenschaft) ins Wasser. Die Feuersalamanderin aber legt nicht etwa Eier wie ein Frosch oder eine Kröte! Sie bringt lebende Junge zur Welt, die sie allerdings sofort ins Wasser plumpsen lässt, weil sie durch Kiemen atmen, die wie rote Büschel rechts und links hinter dem Kopf stehen.

Rasch schwimmen die Kleinen davon – und zeigen sofort, dass sie kleine Raubtiere sind: Sie stürzen sich auf Wasserflöhe, Flohkrebse, kleine Larven und Insekten, wohl auch auf Fischeier, falls sie auf welche treffen. Zum Beispiel die der Forelle! Aber Obacht! Kleine Feuersalamander wären wiederum eine gute Beute für die ausgewachsenen Forellen. Aber zu deren Pech haben sie schon als Babies das berühmte Gift in der Haut. Also muss die Forelle „zähneknirschend“ abdrehen.

Die Blindschleiche

Sie sieht wie eine Schlange aus, benimmt sich auch wie eine solche, hat keine Beine und windet sich am Boden, aber sie ist keine Schlange! Darum heißt sie auch „Blindschleiche", das kommt von dem Wort „blenden", das heißt „täuschen".
Sie ist nämlich gar nicht blind. Sie hat lustige Äuglein, mit denen sie sogar blinzeln kann: Ein klarer Beweis, dass sie keine Schlange ist, denn Schlangen haben keine beweglichen Augenlider.

Bildschleichen trifft man meist beim Wandern auf Feld- und Waldwegen an, auf denen sie sich sonnen. Wie Kupfer glänzt ihr feines Schuppenkleid, in der Paarungszeit schillert es bei den Männchen noch dazu in allen möglichen Farben. Meist wartet die Blindschleiche bis zum letzten Moment, bevor sie flüchtet. Das ist offenbar sehr mühsam, sie kann sich nämlich nicht so eng wie eine Schlange ringeln und die Wege sind glatt. Sie haben wenige Hindernisse, um die sie sich winden kann. Auf einer Asphaltstraße kommt sie meist gar nicht vom Fleck, sondern windet sich hilflos auf der Stelle – und wird prompt von unaufmerksamen Radfahrern überfahren!

Wenn sie aber keine Schlange ist, was ist sie dann? Ein Blick ins Gesicht und man weiß es: Sie ist eine Eidechse, aber eben eine ohne Beine. Genau wie eine Eidechse jagt sie nach Würmern, Käfern und anderen Insekten. Und wie alle Eidechsen hat sie eine tolle Methode, sich vor Feinden zu retten (zum Beispiel vor Krähen, Katzen u.a.): Sie wirft einfach den Schwanz ab! Der zappelt sogar eine Weile noch herum und ist meist die einzige Beute des Vogels, die restliche Blindschleiche ist längst im Unterholz verschwunden. Doch keine Angst! Der Schwanz wächst wieder nach, der Zweitschwanz wird allerdings meist nicht mehr so schön wie der erste.

Das ist auch der einzige Grund, warum man es sich überlegen soll, die harmlose Blindschleiche in die Hand zu nehmen: Sie könnte in Panik geraten und den Schwanz abwerfen. Wenn man sie jedoch sorgfältig berührt, sie ruhig aufhebt ohne sie zu quetschen, dann gewöhnt sie sich an die Hand, vor allem an kalten Tagen, wo ihr die Handwärme sogar recht angenehm ist.

Blindschleichen legen keine Eier. Das Weibchen bringt im Hochsommer bis zu 25 lebende Junge, also richtige kleine Blindschleichen, zur Welt. Die zerstreuen sich in alle Winde und haben dann noch den ganzen Herbst Zeit, sich Kraft anzufuttern und zu wachsen, denn den Winter verbringen sie – wie alle Reptilien – in unterirdischen Löchern und Höhlen, in die der Frost nicht eindringen kann. Dort überwintern sie in einem so genannten „Kälteschlaf".

Der Laubfrosch

Jeder kennt den Laubfrosch: Es ist der herzigste, typischste Frosch. Wann immer irgendwo ein Frosch abgebildet wird, ist es in den meisten Fällen der Laubfrosch.

Laubfrosch heißt er, weil er gerne im Laub sitzt, also hoch oben auf Bäumen, zwischen den Blättern, wo man ihn sehr gut hören kann: Sein „rrrepp, rrrepp, rrrepp, rrrrepp“ ist leicht zu erkennen. Aber ihn finden – das ist eine andere Sache! Er ist nämlich um etliches kleiner als eine Handfläche und dazu klatschgrün, genau wie die Blätter. Dafür hat er meist einen dunklen Streifen hinter dem Auge.

Dass er gerne in Bäumen herumturnt, sieht man ebenfalls: Jede Finger- und Zehenspitze ist in einen Saugnapf umgewandelt – und das ist bei keinem anderen Frosch der Fall! Häufig trifft man ihn natürlich doch nicht auf einem Baum, sondern auf Schilfhalmen sitzend. Die umklammert er und lässt sich die Sonne auf den Rücken brennen.

Nur im Frühling gehen Laubfrösche auch ins Wasser, denn als waschechte Frösche legen sie die Eier natürlich ins Wasser. Aus ihnen schlüpfen Kaulquappen, die dann erst gegen den Spätsommer zu richtigen kleinen Fröschen werden.

Da aber zur Fortpflanzung Weibchen und Männchen zusammenkommen müssen, ist der Frühling auch die Zeit, wo die Männchen singen, um die Weibchen zu rufen. Da liegen sie dann breit im Wasser und senden ihr „rrrepp, rrreppp“ aus, damit die Weibchen von den Sträuchern herab zu ihnen ins Wasser kommen. Dann sieht man auch, warum der Frosch so laut singen kann: Bei jeder Strophe bläht sich ein durchsichtiger Schallsack wie ein Blasebalg unterm Kinn und erzeugt die Rufe.

Früher einmal (heute wäre es nicht mehr erlaubt, weil es Tierquälerei ist) hatten viele Leute einen Laubfrosch als „Wetterfrosch“ zuhause: In einem hohen Gurkenglas steckten ein paar Schilfhalme, am Boden hockte der Frosch und wurde mit Mehlwürmern gefüttert. Man glaubte, dass der Frosch nach oben klettert, wenn schönes Wetter bevorsteht, und unten bleibt, wenn es regnerisch wird. Das stimmt natürlich nicht.

Dafür ist es immer wieder ein Ereignis, wenn man einen Laubfrosch in freier Natur sieht, er klettert sogar auf die Hand und schaut einen aus großen Glupschaugen an.

Aber bitte niemals einen Frosch in die Hand nehmen, wenn man schwitzt, nie mit Sonnencreme oder gar Gelsenschutzmittel auf den Fingern! Das ist tödlich für den Frosch! Er nimmt die Stoffe mit seiner dünnen Haut auf und geht elendiglich zugrunde. Schauen ist oft besser als Angreifen, auch wenn der Frosch noch so herzig ist!

Unken

Wer mit aufmerksamen Augen durch die Natur geht, wird vor allem an kleinen Tümpeln und Weihern stehen bleiben, denn da gibt es immer eine Menge zu sehen. Es sind nicht nur Fische und Enten: Im Röhricht brüten und singen viele Vögel, Libellen schwirren dahin und im Wasser tummelt sich eine riesige Schar von kleinen Tieren: Wasserflöhe, Wasserkäfer, Wasserschnecken, vielleicht eine Ringelnatter, Molche, Frösche, Wasserläufer und viele andere mehr – ein richtiger zoologischer Garten tut sich da auf.

Nur wenn man ein guter Beobachter ist, wird man hier kleine, braune, froschartige Tiere sehen: Klein wie ein Laubfrosch, aber immer im Wasser. Mit ausgebreiteten Patschhändchen „hängen" sie an der Wasseroberfläche, tauchen blitzartig ab, wenn man ihnen zu nahe kommt, und wühlen sich in den Schlamm ein. Sie sind braun wie der Bodenschlamm, ihre Haut bedecken kleine warzenartige Gebilde. Doch es genügt, ein wenig zu warten: Dann strampeln sie sich heraus und schweben wieder an die Oberfläche, um Luft zu holen. Denn wie jede Amphibie atmen sie Luft.

Das sind Unken. Kaum zu glauben, aber dieses nette Tierchen ist der Namensgeber dafür, wenn Leute grantig sind und über irgendetwas schimpfen, sie „unken".

Die Unken haben wirklich eine laute Stimme. Jedoch gleicht ihr „Unken" dem Ton kleiner Glocken, ein richtiges Geläute erklingt, wenn sie im Chor singen. Es wäre gut, wenn man die Geduld aufbringt, Unken beim Singen zu ertappen. Sie liegen dabei an der Wasseroberfläche, halten sich vielleicht an einem Ästchen an und stülpen eine mächtige Blase aus der Kehle, die wie ein Blasebalg funktioniert, also am ehesten wie ein Dudelsack.

Diese Blase trägt ein buntes Muster, das den ganzen Bauch überzieht: Flammend gelbschwarz bei der *Gelbbauchunke*, flammend rotschwarz bei der *Rotbauchunke*. Das sieht man normalerweise nicht, wenn die Unke auf dem Bauch liegt! Hebt man sie aber heraus und legt sie auf die Hand, dann biegt sie ihren Rücken durch, sodass vorn und hinten der gemusterte Bauch zu sehen ist. Ein Anblick, der nicht nur Menschen verblüfft, sondern vor allem Störche, Reiher und auch Ringelnattern erschreckt, die die Unke fressen wollen. Und ein kleiner Moment reicht meist aus, damit die Unke entwischen kann.

Viele glauben, dass Unken giftig sind – und das stimmt ja auch ein bisschen. Alle Amphibien haben Giftstoffe in der Haut, als Schutz gegen das Gefressenwerden, aber auch als Schutz gegen Bakterien und Pilze.

Für Menschen gilt die alte Regel: Niemals eine Unke in die Hand nehmen, wenn wir uns vorher mit Insektenspray eingesprüht haben, und die Hände anschließend sorgfältig waschen, damit das schwache Gift nicht in Augen oder Mund gerät.

Der Wasserfrosch

Unser häufigster und größter Frosch – aber meistens sieht man ihn nicht! Oder besser: Zu spät, nämlich dann, wenn er mit lautem Platsch ins Wasser flüchtet. Wasserfrösche sitzen nämlich gerne am Ufer, auf Seerosenblättern und im Gras, um sich zu sonnen. Außerdem lebt dort ihre Hauptnahrung: Fliegen, Schmetterlinge, Käfer. Alles was sich bewegt und in der Größe passt, wird mit einem raschen Zungenschlag eingefangen und verschlungen.

Allerdings ist seine Färbung ein perfektes Tarnkleid, nicht unähnlich den Tarnanzügen der Soldaten: Schwarz-grüne Streifen auf dem Rücken. Die sehen genauso aus wie das Muster aus grünen Blättern und ihren schwarzen Schatten. Kein Wunder also, dass wir ihn nicht entdecken!

Im Wasser geht es besser. Da versammeln sich die Wasserfrösche oft in größeren Gruppen und starten einen regelrechten Wettgesang in Quaken. Das Quaken des Wasserfrosches ist leicht von dem anderer Frösche zu unterscheiden, denn unser Wasserfrosch – lacht! Ein lautes „Hä-hä-hä-hä", dazwischen ein aufmunterndes „Quoark", das tönt dann von der Wasserfläche. Sein wissenschaftlicher Name heißt übrigens, wenn man ihn übersetzt, „lachender Frosch".
Sie quaken um Weibchen anzulocken, aber mehr noch, um anderen Männchen zu imponieren, die an der Lautstärke und an der tiefen Stimme die Größe des Rivalen erkennen können.

Beim Quaken aber passiert etwas sehr Lustiges: Aus den Seiten des Kopfes quellen bei jedem Quaken zwei häutige, prall aufgeblasene, zwetschkengroße Ballons, die „Schallblasen".
Sie wirken etwa so wie der Balg beim Dudelsack: sie drücken die Luft nach innen. Und je größer die Blasen, desto voller tönt das Quaken.

Weißt du auch, wie ganz junge Frösche aussehen? Gar nicht wie ein Frosch, eher schon wie plumpe Fischlein: die Kaulquappen. Eine Kugel mit einem Ruderschwanz, so schlüpfen sie aus den Eiern, die wie Gelee im Wasser schwimmen. Kaulquappen ernähren sich zuerst von Algen, die sie von versunkenen Hölzern schaben, und sie atmen wie Fische durch Kiemen! Erst später stellen sie sich um: Die Beine wachsen, zuerst die hinteren, die müssen ja auch größer werden, dann die vorderen; der Schwanz wird kleiner und verschwindet, die Kiemen verschwinden – nun brauchen sie Luft. Und bald hüpft ein winziger Frosch an Land, der nun gar keinen Appetit mehr auf Algen hat. Nun will er Fleisch, vor allem Mücken und kleine Fliegen, die er am Ufer findet. Viele Gelsen sind dabei, darum sollten wir unsere Frösche schützen, auch wenn sie kein Krönchen wie im Märchen tragen!

Die Zauneidechse

Alle Eidechsen haben einen großen Nachteil: Man sieht die herzigen Tiere erst, wenn sie davonlaufen! Sie sind nämlich sehr scheu, und das hat seinen Grund: Fast alle Tiere, die andere fressen, jagen auch nach Eidechsen: Vögel, Schlangen, Wiesel, Marder, Igel, Schlingnattern, andere größere Eidechsen, sogar Katzen und Wildschweine. Darum sind sie nicht nur sehr wachsam, sondern auch hervorragend getarnt.

Die Zauneidechse ist eine der hübschesten. Das Weibchen ist graubraun mit einem dunkelbraunen Fleckenmuster, jeder Fleck hat einen weißen Punkt in der Mitte. Das Männchen aber färbt sich zur Paarungszeit an den Flanken leuchtend grün, am Rücken trägt es einen braunen Längsstreif. Trotz ihrer Größe – die größten Zauneidechsen passen der Länge nach mit Schwanz gerade auf ein Schulheft – verschwimmen sie perfekt mit dem Falllaub und den grünen Pflanzen ihrer Umwelt. Wenn sie fliehen, laufen sie nur ein kurzes Stück, bleiben dann wieder stehen und rennen weiter. Immer, wenn sie stillhalten, sehen wir sie dank ihrer Tarnfarbe nicht.

Das geht einer Katze und einem Vogel genauso. Aber wenn diese die Zauneidechse doch erwischen, dann hat sie, wie alle Eidechsen, noch ein Mittel zur Verfügung: Sie wirft einfach den Schwanz ab! Der zappelt heftig auf und ab, Vogel und Katze lassen sich täuschen und ablenken, und die Eidechse verschwindet schwanzlos im Unterholz. Er wächst allerdings wieder nach, wenn auch nicht so groß uns schön wie der erste.

Eidechsen brauchen viel Wärme und sonnen sich gerne und ausgiebig auf Steinen oder sonnigen Stellen am Waldrand. Oft kann man beim Spazierengehen eine nach der anderen davonhuschen sehen. Wenn nach ein paar kalten Tagen die Sonne wieder scheint, hat man die beste Chance, eine zu sehen: Sie liegen dann auf flachen Steinen oder Holzstücken, um Wärme zu tanken. Sie gehen nur sehr ungern weg, wenn man ihnen wirklich zu nahe kommt. Die Zauneidechse jagt vor allem Insekten, Ameisen, Käfer, Spinnen und Heuschrecken. Sie nützt dabei ihre ungeheure Schnelligkeit.

Die Zauneidechse vergräbt ihre Eier an einer heißen, sandigen Stelle, denn nur so können sich die Jungen rasch entwickeln. Dann aber heißt es Fersengeld geben, denn die winzigen jungen Eidechsen werden durchaus auch von den Großen gefressen, die sie nicht als ihre Kinder erkennen.

Weibchen

Männchen

Die Kreuzotter

Viele Menschen fürchten sich vor der Kreuzotter. Und natürlich haben sie auch Recht: Die Kreuzotter ist giftig: Sie hat Giftdrüsen und zwei hohle spitze Zähne, die wie Injektionsnadeln wirken. Wenn sie zubeißt, kann sie durch die Zähne das Gift fließen lassen.

Das tut sie aus zwei Gründen: Der Hauptgrund ist der Fang von Beutetieren, etwa einer Maus, die durch einen kurzen Giftbiss getötet wird. Der zweite Grund ist die Verteidigung. Wenn die Schlange glaubt, dass sie angegriffen wird, kann sie in der Not zubeißen. Ihr Gift ist zwar nicht so stark wie das einer Kobra oder einer Schwarzen Mamba, aber man sollte doch so rasch wie möglich zum Arzt. Der spritzt dann ein Gegenmittel, das so genannte Schlangenserum, und hält einen noch in Beobachtung, denn manche Leute reagieren auf das Serum ähnlich wie auf das Gift!

Diese Schlange gibt es in drei verschiedenen Färbungen: Die berühmteste, die normale *Kreuzotter*, ist graubraun mit einem dunklen Zickzack-Band auf dem Rücken und einer schwarzen X-Zeichnung auf dem Kopf. Die andere ist schwarz, man nennt sie *Höllenotter* oder „Bergstotzn". Und die dritte – sehr seltene – Form ist rotbraun: die *Kupferotter*. Alle Kreuzottern leben im Gebirge, gerne auf Schlagflächen oder am Waldrand. Nur in Hochmooren gehen sie auch tiefer ins Tal.

Die Kreuzotter steht unter Naturschutz. Aber kein vernünftiger Mensch würde eine Kreuzotter töten! Sobald man sie sieht, ist die Gefahr vorbei. Sie beißt ja nur im Schreck! Dennoch lohnt es sich, etwa beim Himbeerpflücken oder Erdbeerpflücken achtsam zu sein: Lautes Singen, Schreien oder Pfeifen, um sie zu vertreiben, ist verlorene Liebesmüh, denn Schlangen sind taub! Aber fest auftreten oder mit einem Stock auf den Boden schlagen sind gute Mittel, sie in die Flucht zu treiben. Wer sie allerdings sehen will, muss leise auftreten und die Augen aufsperren.

Ein gutes Erkennungsmittel ist der Kopf: Er ist dreieckig und deutlich vom Hals abgesetzt, während unsere Nattern einen ovalen Kopf und keinen Hals haben. Auch wenn man einer Schlange in die Augen schaut, zeigt sich der Unterschied: Die ungiftigen Nattern haben kreisrunde Pupillen, die Kreuzotter schlitzförmige, senkrecht stehende.

Sie legt auch keine Eier: Ihre Jungen schlüpfen schon im Mutterleib und werden bereits als kleine Schlangen geboren. Auch das ist ein Grund, weswegen sich die Kreuzottern gerne sonnen: Sie tanken Wärme, denn da verläuft die Entwicklung ihrer Jungen schneller.

Die Smaragdeidechse

„Ein Krokodil!“, rief ein Schulkamerad aus der Volksschule, als wir einst einen sonnigen Waldrand entlanggingen. Denn was da vor uns saß, grün mit perlartigen Schuppen und einer blauen Kehle, fast so lang wie sein Unterarm, das Maul aufgesperrt und mit winzigen Zähnchen besetzt, sah ja wirklich bedrohlich aus! Es hätte bestimmt auch zugebissen, hätten wir es angefasst – es war das Männchen einer Smaragdeidechse in Kampfstimmung.

Smaragdeidechsen sind unsere größten Eidechsen und nur an auserwählten Stellen überhaupt zu finden! Denn sie lieben es sehr heiß und trocken, geradeso wie in ihrer Urheimat, den Ländern am Mittelmeer. Von dort sind sie schon vor ein paar tausend Jahren zu uns eingewandert und haben sich an den heißesten Stellen angesiedelt (zum Beispiel in Südkärnten, in der Wachau, auf den Hainburger Bergen an der ungarischen Grenze). Ja sogar in Deutschland und Polen gibt es einige Plätze, wo man sie antreffen kann.

Harte Winter machen ihnen nichts aus, sie verkriechen sich an frostsicheren Plätzen. Aber kalte, regenreiche Sommer sind schlimm für sie. Vor allem, weil ihre Eier in der Nässe verfaulen könnten. Und bei Kälte schlüpfen außerdem nur Männchen aus den Eiern!

Ein tolles Erlebnis ist es, den Kampf zweier Smaragdeidechsenmännchen zu sehen. Sie stellen sich gegenüber, nicken heftig, um einander zu imponieren. Wenn keiner die Flucht ergreift, dann beißen sie zu, verbeißen sich ineinander und kugeln den Hang hinab.

Wie alle Eidechsen sind sie reine Fleischfresser. Beutegreifer, die vor allem Käfer, Heuschrecken, Raupen, Grillen und manchmal auch einen unaufmerksamen Schmetterling erhaschen. Wenn man sie im Terrarium hält (das will gelernt sein, denn Reptilien sind sehr empfindliche Tiere), werden manche so zahm, dass sie einem aus der Hand fressen. Aber leider nicht alle – andere schnappen einfach nach dem Finger!

Das Eichhörnchen

Wer kennt und liebt es nicht? Dieses pelzige Kuscheltier mit dem buschigen Schwanz, das meist mit affenartiger Geschwindigkeit über Äste und Baumstämme turnt, in großen Sätzen über den Boden läuft und dabei den Schwanz wie eine Schleppe hinter sich herträgt! Nur wenn es sich gemütlich hinsetzt, etwa um eine Nuss zu knabbern, hebt es seinen Schwanz wie einen Schirm hinter sich.

Das Eichhörnchen ernährt sich von Nüssen, vor allem im Herbst. Im Frühling aber ist es auf eine andere Nahrung scharf: Vogeleier! Die stiehlt es aus dem Nest, wenn die brütende Vogelmutter kurz auf Nahrungssuche geflogen ist. Da aber die meisten Vögel ohnedies mehr Eier legen, als sie später als Junge aufziehen können, können sie den Verlust verschmerzen.

Im Herbst gibt es auch noch eine ganz andere Nahrung in Hülle und Fülle: Die fetten Samen, die in den Zapfen der Nadelbäume heranreifen. Die Tannen lassen schlauerweise ihre Zapfen zerfallen, wenn die Samen reifen. Die Fichten aber sind äußerst praktisch: Das Eichhörnchen reißt sich einen Zapfen ab und beginnt am unteren Ende die Zapfenschuppen, die wie Dachziegel übereinander liegen, auszureißen. Die schmackhaften Samen werden verspeist. Am oberen Ende aber sind die Samen noch unreif – daher lässt das Eichhörnchen an der Zapfenspitze einen Rest stehen. Daran erkennt man, dass ein Eichhörnchen zugange war, wenn man die abgepflückten Zapfen am Waldboden findet.

Für den Winter baut sich das Eichhörnchen ein kugelrundes Nest, einen „Kobel“, hoch in der Baumkrone, und darin verdämmert es die langen Wintertage. Dazwischen aber wird es immer wieder wach und hat Hunger. Für diesen Fall hat es vorsorglich im Spätherbst Nüsse und Eicheln an verschiedenen Stellen im Boden vergraben und sich die Stellen gemerkt! Zielsicher buddelt es dann aus seiner unterirdischen Vorratskammer die fettreichen Samen aus.

Das kleine Eichhörnchen hat viele Feinde. Eulen, der Uhu und Bussarde können es nur erwischen, wenn es über eine Waldlichtung läuft. Die Marder aber sind genauso behände im Geäst der Bäume unterwegs und jagen den kleinen Nagern hinterher. Dann kommt es nur darauf an, wer flinker ist!

Die Spitzmaus

In der Biologie kann es passieren, dass man einen Fehler macht, wenn man einem Tier einen Namen gibt. Bei der Spitzmaus will keiner glauben, dass sie keine Maus ist! Spitzmäuse sehen zwar richtigen Mäusen sehr ähnlich, sind aber nicht einmal mit ihnen verwandt! Echte Mäuse sind Nagetiere (wie zum Beispiel die Hausmaus, die Feldmaus, die Waldmaus – ja sogar die Ratten sind eigentlich Mäuse).

Spitzmäuse aber sind Insektenfresser. Sie haben keine Nagezähne, sondern zeigen ein richtiges kleines Raubtiergebiss, wenn sie ihr Mäulchen aufreißen. Ihre nächsten Verwandten sind der Igel und der Maulwurf. Und wie diese tragen sie das Markenzeichen ihrer Gruppe: Einen kurzen Rüssel an der Schnauzenspitze, der allerdings bei Spitzmäusen öfter behaart und dadurch schwer zu erkennen ist.

Wer den Unterschied zwischen Mäusen und Spitzmäusen sehr genau kennt, das ist unsere Hauskatze: spätestens, wenn sie eine fängt und hineinbeißt. Mäuse schmecken nämlich sehr gut, Spitzmäuse aber haben einen schlecht schmeckenden, unangenehm riechenden, leicht giftigen Stoff unter der Haut. Darum spuckt die Katze eine Spitzmaus in hohem Bogen wieder aus. Daher findet man verhältnismäßig oft tote Spitzmäuse im Wald.

Echte Mäuse können sich mit Nüssen (im Keller auch mit Speck und Käse) anfressen und es so eine Weile aushalten. Allerdings reicht es nicht für einen ganzen Winter, darum gehen sie von Zeit zu Zeit auf Nahrungssuche.

Spitzmäuse aber sind viel schlechter dran: Insekten sind nun wahrlich kein Mastfutter! Daher müssen die armen Spitzmäuse fast pausenlos fressen. Sie überstehen nicht einmal eine ganze Nacht, ohne zu fressen. Eine prima Speisekammer ist zum Beispiel das Falllaub in unseren Wäldern. Da leben viele kleine Tiere wie Schnecken, Larven, Käfer, Spinnen. Die Spitzmäuse wühlen sich mit vorgestrecktem Rüsselchen durch die Schichten des Falllaubs. Die winterliche Schneedecke stört dabei nicht, im Gegenteil! Sie schützt sogar vor dem Frost der Außenluft. Im Falllaub ist es zudem ganz schön warm, weil die Pilze und Bakterien, die das Falllaub zersetzen, durch ihre Atmung ein wenig Wärme erzeugen, von der nun auch unsere kleinen Spitzmäuse profitieren.

Der Igel

Ein Tier, das auf dem Rücken lange spitze Stacheln trägt, die hundsgemein stechen! Das hält fast alle Feinde ab, ihn zu fressen, vor allem Füchse und Marder. Nur der Uhu, ein Nachtgreifvogel, der wie alle Vögel gepanzerte Füße und Greifkrallen hat, kann ihn fangen.

Am Bauch und am Kopf hat er normale Haare, keine Stacheln. Das sind also seine verwundbaren Stellen. Aber bei Gefahr kugelt er sich zusammen, wird zur undurchdringlichen Festung. Manche Füchse sind jedoch schlau genug und rollen die Stachelkugel mit der Pfote in den nächsten Bach oder Teich. Dann muss er sich öffnen, um nicht zu ertrinken.

Leider macht der Igel das auch gegenüber seinem Hauptfeind, dem Auto! Wenn Igel nachts die Straße queren und ein Auto rast heran, dann kugeln sie sich zusammen. Viele Igel sterben so unter den Rädern von Autos, deren Fahrer unachtsam oder zu schnell unterwegs waren.

Igel sind Insektenfresser, aber das ist nur ihre zoologische Bezeichnung. In Wirklichkeit fressen sie alles, was sie kriegen: von Käfern, Würmern und Raupen bis zu Schnecken, ja sogar Blindschleichen und Schlangen. Im Herbst fressen sie sehr gerne Fallobst und sind daher fleißig in den Obstgärten unterwegs.

Im Herbst findet man zuweilen auch „Spätlinge“. Junge Igel, die alleine den Winter nicht überstehen können. Man kann sie aber zuhause problemlos über den Winter bringen: Wild lebende Igel haben oft Flöhe, also erst einmal mit Hundeshampoo waschen und Flohpulver zwischen die Stacheln stäuben. Er muss ein stilles warmes Plätzchen bekommen, am besten eine Kiste oder starke Schachtel mit Fetzen und Papier auskleiden und zudecken. Niemals Milch geben! Da bekommt er Durchfall. Aber reichlich Wasser hinstellen, dann versorgt er sich selbst. Gefüttert wird mit Katzen- und Hundefutter. Auch Faschiertes isst er gern, gemischt mit Haferflocken, vielleicht einen Eidotter dazurühren. Auch Obst ist angesagt, also Apfel- und Birnenschnitten, vor allem aber auch Bananen. Wer noch mehr tun will, kann sich in einer Tierhandlung Mehlwürmer besorgen, dann kriegt er gleich auch Lebendfutter. So gepflegt kommt er gut über den Winter und kann im Frühling wieder in die freie Wildbahn entlassen werden.

Hase oder Kaninchen?

Ja, das ist eine Frage, die sich viele stellen!
Dabei sind die beiden Tierarten gut zu unterscheiden:

Feldhasen sind verhältnismäßig große Tiere mit erdbraunem Fell und langen Ohren, an der Spitze meist mit einem schwarzen Fleck. Dank ihrer langen Beine sind sie gute Renner, laufen sogar einem Fuchs davon, vor allem durch eine besondere Kunst: das Hakenschlagen. Aus vollem Lauf einen plötzlichen Sprung zur Seite – das soll ihnen einmal jemand nachmachen! Hasen leben allein, nur zu Fortpflanzungszeit – das sind dann die „Märzhasen" – sieht man sie in größeren Gruppen, meist mehrere Männchen, die um ein Weibchen kämpfen.

Kaninchen sind kleiner, haben kürzere Ohren, ihre Färbung ist viel abwechslungsreicher. Vor allem aber graben sie unterirdische Bauten und leben gern in Gruppen beisammen, so genannten Kolonien. Wenn Gefahr droht, rasen sie zu ihrem Loch und plumpsen hinein. Meist nicht ohne vorher mit der Hinterpfote laut auf den Boden zu klopfen, um die anderen zu warnen. Auch die Jungen werden in der Höhle geboren, sind zunächst nackt und blind, also typische Nesthocker.

Hasenjungen dagegen sind Nestflüchter, also von Anfang an in der Lage, mit der Mutter mitzuhoppeln. Sie haben auch keine unterirdischen Bauten, ihr Lager ist nur eine Mulde aus zusammengedrücktem Gras irgendwo am Waldrand (das ist die so genannte „Sasse"). Junge wie alte Hasen rennen aber nur, wenn sie müssen. Bei Gefahr drücken sie sich lieber eng in eine Erdfurche, die Ohren angelegt, die Augen weit geöffnet. So kann man ihnen auch als Mensch oft sehr nahe kommen, da sie auf ihre Schutzfärbung vertrauen.

Hat man das Glück, auf eine bewohnte Kaninchenkolonie zu stoßen, dann lohnt es sich, sich in der Nähe zu verstecken und ganz ruhig zu bleiben. Dann kommen die possierlichen Tiere bald aus der Erde und man kann sie gut beobachten.

Und jetzt eine Ratefrage: Die „Stallhasen", also die Hasen, die man in Gitterkäfigen hält, sind das Hasen oder Kaninchen? Ein Blick genügt – das sind zahme Kaninchen!
Auch die Zwerghasen, die man sogar im Zimmer halten kann, sind in Wirklichkeit Zwergkaninchen.

Leider werden Hasen und Kaninchen immer seltener. In modernen Äckern und Wiesen, in denen Hecken und Waldränder selten geworden sind, finden sie keine Verstecke. Hasen werden vielfach gejagt, gelten als sehr schmackhaft. Auch viele Tiere, die von der Hasenjagd gelebt haben (Fuchs, Marder, Uhu, Eulen, Bussarde, sogar Wiesel) sind dadurch selten geworden. In manchen Ländern steht der Feldhase bereits unter Naturschutz.

Der Biber

Wohl nur wenige haben ihn schon lebend in freier Wildbahn gesehen: den Biber, unser größtes Nagetier. 30 kg bringt er auf die Waage, ebenso viel wie ein Reh! Er ist dämmerungs- und nachtaktiv, man muss abends oder nachts mit einer guten Lampe seine Wohngewässer aufsuchen – dann kann man ihn entdecken, entweder beim Schwimmen oder beim Fressen. Als reiner Pflanzenfresser sitzt er im Sommer meist unter Weidenbüschen und zieht mit den Vorderpfoten geschickt die Zweige herab und knabbert dann die Blätter, die Knospen, ja sogar die jungen Zweige ab.

Im Winter aber tut er das, wofür er berühmt ist: Er nagt Bäume um. Mit seinen großen, harten, dunkelbraun gefärbten Nagezähnen nagt er Kerben in den Stamm, bis der Baum krachend umfällt. So gelangt er an die weichen Zweigspitzen mit den saftigen Knospen. Vor allem aber nagt er auch die Rinde ab, denn er will an den weichen Bast darunter. Denn hier speichern die Bäume die Nährstoffe.

Wo Biber leben (zum Beispiel in den Donauauen), sieht man überall gefällte Bäume mit den weißen Nagekerben, häufig in Form einer Sanduhr. In den Auen bauen sie auch nicht die berühmten Dämme, mit denen sie in Amerika ganze Flüsse aufstauen. Sie wohnen in Erdhöhlen in der Uferböschung, meist mit einem Unterwasserausgang. Hier werden auch die Jungen aufgezogen, die allerdings nach etwa einem Jahr die elterliche Familie verlassen und auf Wanderschaft gehen müssen.

Biber waren bei uns bereits ausgestorben. Man hat sie aus drei Gründen gejagt:

Zum einen wegen ihrer Felle, sie gehören zu den weichsten und dichtesten Pelzen, zum anderen wegen ihres Fleisches. Biber galten nämlich als Fastenspeise, weil man sie auf Grund ihrer flachen Schwanzkelle zu den Fischen rechnete. Und außerdem wegen eines Sekretes, eines stark riechenden Stoffes (das „Bibergeil"), das sie absondern, um ihr Revier zu markieren. Dieses galt als Wundermittel. Erst in den 70er-Jahren wurden wieder Biber bei uns ausgesetzt. Sie kamen aus Polen und aus Nordeuropa und haben sich bei uns wieder prächtig eingelebt.

Der Hirsch

Eigentlich heißt er ja „Rothirsch", die Jäger sprechen auch vom Rotwild – warum, weiß man nicht. Der Hirsch ist zwar unser größtes Wild (seit Auerochs und Wisent ausgestorben sind und der Braunbär selten geworden ist), aber ein „König des Waldes" – wie er oft genannt wird – ist er nicht! In der Natur gibt es keine Könige und keine Knechte!

Das Auffallendste am Hirschen ist das Geweih, das die Männchen auf dem Kopf tragen: Zwei Stangen mit mehreren Zweigspitzen aus richtigen Knochen: der Jäger nennt sie „Enden", bis zu 10 Kilogramm bringt es auf die Waage! Trotzdem wirft er das ganze Gebilde jedes Jahr im Februar ab, worauf ihm ein neues wächst, größer als das alte und mit noch mehr Enden. Es steckt in einer pelzigen Haut, dem Bast. Wenn es fertig gewachsen ist, muss der Hirsch diese Haut in Fetzen abstreifen. Er schlägt dazu sein Geweih in Büsche. Der Jäger spricht vom „Fegen"; der Busch geht meist arg zerzaust aus dem Kampf hervor.

Der Hirsch braucht sein schönes Geweih nur einmal im Jahr: im Herbst, in der Fortpflanzungszeit, der „Brunft". Da fechten die männlichen Hirsche aus, wer der Stärkste ist. Sie röhren dann laut durch den Wald, ein furchterregendes Geräusch, das andere Männchen anlockt und zum Kampf einlädt: Da knallen die Geweihe aufeinander, bis einer aufgibt. Dann wartet meist schon der nächste Rivale, sodass die Sieger meist völlig erschöpft aus dem Kampf hervorgehen. Dafür werden sie zum Vater aller Jungen, die in diesem Jahr gezeugt werden. Der Jäger nennt einen solchen Hirschen „Platzhirsch".

Das übrige Jahr halten sich diese Männchen von der Herde fern, die dann nur aus Weibchen und jungen Männchen besteht. Die Hirschweibchen nennt der Jäger übrigens „Hirschtier", in der Dichtersprache nennt man sie „Hindin".

Alle Hirsche brauchen eine Suhle, um sich wohlzufühlen: Das ist eine schlammige, wässerige Senke. In ihr wälzen sich die großen Tiere mit Genuss, um kleine Parasiten zu töten, die sich in ihrem Fell breitmachen.

Wenn der Winter kommt, sammeln sie sich in so genannten Einstandsgebieten, meist im Wald, wo der Schnee nicht so hoch liegt. Dort schälen sie streifenweise die Rinde von den Bäumen. Warum sie das tun? Genau weiß man es nicht, aber offenbar brauchen sie gewisse Stoffe aus der Borke der Bäume für die Verdauung. Daher mischen einige Jäger Rindenstücke ins Winterfutter, damit die mächtigen Tiere die Bäume in Ruhe lassen.

Das Reh

Das Reh ist der kleinere Verwandte des Hirschen – und nicht das Weibchen vom Hirsch! Das Männchen des Rehwilds ist der Rehbock. Auch er trägt ein Geweih auf dem Kopf, aber ein kleines, das nicht mehr als drei Enden bekommt. Und doch ist so ein Rehbock sehr kräftig.

Der Jäger bezeichnet den Rehbock als das gefährlichste Tier des Waldes. Denn zur Brunftzeit, die bei den Rehen in den Sommer fällt, werden die Böcke ungeheuer angriffslustig. Mit heiserem Gebell, ähnlich dem eines Hundes, durchstreifen sie den Wald und suchen Gegner. Da werden dann sogar harmlose Wanderer angegriffen.

Rehbraun sind die Rehe nur im Sommer. Unter dem Schwanz tragen sie ein blendend weißes Fell, den Spiegel, der in der Dämmerung fast wie ein Licht leuchtet, wenn sie auf der Flucht das Schwänzchen hochheben. Auf diese Art verliert die Herde nicht den Zusammenhang, wenn sie fliehen muss.

Im Herbst und Winter bekommen die Rehe ein dichteres, graubraunes Fell. Dann treten sie auch bei Tag aus der Deckung und weiden auf abgeernteten Feldern, oft in großen Rudeln.

Im Frühling kommen die Kitze zur Welt: Ein Weibchen, die Ricke, bekommt nur ein oder zwei Junge. Braunweiß gefleckt haben sie eine perfekte Tarnfarbe. Sie werden von der Geiß oft im Gras ablegt, wo sie bewegungslos verharren. Da sie absolut geruchlos sind, läuft auch ihr Hauptfeind, der Fuchs, oft vorbei. Doch sie haben noch einen zweiten Feind: Wenn Menschen ein scheinbar verlassenes Rehkitz finden, gilt als oberste Regel: Nicht mitnehmen! Die Mutter kommt bestimmt zurück. Und auch nicht streicheln – sonst wird das Kleine von der Mutter nicht mehr erkannt und nicht mehr angenommen.

Der ärgste Feind aber ist die Mähmaschine. Früher, als die Bauern noch mit der Sense mähten, sind sie den Rehkitzen einfach ausgewichen. Doch von der Mähmaschine werden die Kitze nicht selten erfasst und getötet. Gott sei Dank wissen die meisten Bauern das schon und passen im Frühsommer, wenn die Wiesen gemäht werden, besonders gut auf. Bald aber laufen die Jungen mit der Mutter mit und sind dann außer Gefahr.

Rehböcke werfen übrigens ihr Geweih noch vor dem Winter ab, also Anfang November. Darum sieht man im Winter die männlichen Rehe nur mit ihrem pelzigen Kopfschmuck, in dem sich das neue Geweih entwickelt.

Gämse und Steinbock

Wir wandern durchs Gebirge. Blumen blühen, strahlend blauer Himmel – und in einiger Entfernung grast eine Herde von Ziegen. Ziegen? Hier im Gebirge? Ein Blick durchs Fernglas, und es wird klar: Die wie Ziegen aussehen, sind **Gämsen**! Sofort zu erkennen am hellen Gesicht mit dem schwarzen Streifen vom Mundwinkel zum Auge, vor allem aber an den Hörnern: Schwarz, spitz und hakenförmig gebogen. Der Jäger kann an der Größe und der Krümmung der Hörner (der Jäger nennt sie „Krickel") Geißen von Böcken unterscheiden.

Es ist wunderschön, Gämsen zuzuschauen. Inzwischen sind sie an vielen Plätzen an Bergsteiger gewöhnt und laufen nicht sofort davon. Gämsen sind hervorragende Kletterer und haben Hufe, die wie Bergschuhe mit Gummisohle gebaut sind. Sogar Gamskitze springen schon auf Felsvorsprünge von der Größe einer Hand und schauen seelenruhig, aus der Wand gelehnt, ins Tal.

Was Gämsen besonders lieben, sind steile Schneefelder. Da springen sie oben hinein und rutschen auf dem Popo wie mit einem Schlitten hinab, klettern wieder hinauf und fahren wieder ab. Die ersten Bobfahrer, gewissermaßen!

Die alten Böcke halten sich meist entfernt von der Geißenherde auf. Und immer noch gehört es zur Tracht der Jäger, einen „Gamsbart" auf dem Hut zu tragen, ein dicker Pinsel aus eng gepressten Haaren. Und viele glauben, der Gamsbock trägt gewissermaßen einen Vollbart. Irrtum! Die Haare des Gamsbartes stammen vom Rücken des Gamsbockes. Da hat er so was wie eine Längsmähne, die er in der Aufregung aufstellt. Und da alte, kluge Böcke schwer zu jagen waren, war ein besonders toller Gamsbart für die Jäger so etwas wie ein Leistungsabzeichen.

Die gewaltigsten Hornträger der Berge aber sind die **Steinböcke**. Da sie ein beliebtes Jagdwild waren, waren sie bei uns bereits ausgerottet. Dann hat man sie aus Italien und der Schweiz wieder eingebürgert und natürlich unter strengen Schutz gestellt, so dass wir wieder das Erlebnis haben können, diese mächtigen Tiere zu sehen. Ihre Hörner sind weit gebogen, dick und schwer und werden bis zu einem Meter lang! Die Hörner tragen Querwülste, an denen man ihr Alter ablesen kann.

Bei diesen großen, manchmal über 100 kg schweren Tieren ist ihre Gewandtheit beim Klettern noch viel erstaunlicher. Bis in die letzten Felszacken klettern sie, rennen querfeldein, stehen ruhig auf Felsspitzen, auf die ein Bergsteiger nur mit Seil und Klettergefährten klettern würde.

Besonders wild ist der Rivalenkampf: Da knallen die kämpfenden Böcke mit ihren Hörnern gegeneinander, es klingt wie dumpfe Gewehrschüsse durchs Hochgebirge, oft vom Echo wiederholt.

Steinböcke gehören bestimmt zu den atemberaubendsten Begegnungen beim Bergwandern. Der Schreck kann groß sein, wenn man auf einem Gipfel eintrifft und dort von einem alten Steinbock mit riesigen Hörnern und wehendem Kinnbart empfangen wird. Aber keine Angst! Sie greifen nicht an, sondern ziehen sich zurück, oft schneller, als es unseren Fotografen lieb ist.

Der Steinmarder

Manche Tiere, die früher in der Wildnis gelebt haben, haben unsere Städte als praktischen Lebensraum entdeckt: Hier gibt es viel zu fressen, gute Schlupfwinkel und Schutz vor rauer Witterung. Vorausgesetzt, die Tiere sind schlau genug, sich vom Menschen nicht erwischen zu lassen.

So ein Tier ist der Steinmarder. Sein Verwandter, der *Baummarder*, ist in den Wäldern geblieben, ein seltener Geselle mit einem gelben Kehlfleck.

Der Kehlfleck der *Steinmarder* ist weiß. Und da Marder Raubtiere sind, müssen sie sich auch in der Stadt verköstigen. Doch da leben Ratten, Mäuse, Tauben, Eichhörnchen – alles, was ein Marderherz begehrt.

Eigentlich müssten ihn die Menschen lieben, weil Marder sehr herzige Gesichter haben. Noch herziger sind nur ihre Verwandten, die **Wiesel**, die man gar nicht selten auch am Tag antrifft.

Leider sind die Marder den Menschen aber verhasst, denn sie kauen auch gerne die Kabel in den Autos an. Der Motorraum eines Autos ist am Abend schön warm. Also ist es interessant für die Steinmarder, schlank und dünn wie sie sind, von unten unter die Motorhaube zu kriechen und sich dort an ihrem Lieblingskaugummi gütlich zu tun.

Dabei nagen sie aber auch Kabel durch oder legen die blanken Kupferdrähte bloß, sodass das Auto nicht mehr läuft. Dann müssen die zernagten Kabel in der Werkstatt ersetzt werden – und die Wut der Autofahrer auf die Steinmarder wächst.

Aber haben sie in einem Auto einen nächtlichen Dauerplatz gefunden, nagen sie die Kabel nur höchst selten an. Daher: Eigener Marder schützt vor fremden Mardern!

Leider aber wird das Auto auch zum Feind der Marder. Sie werden immer wieder von einem Auto erwischt und überfahren. Wenn man bedenkt, wie viele Tiere nachts unterwegs sind, etwa die noch langsameren Igel oder auch Katzen, Frösche, Kröten, ja sogar Eulen und Uhus, die an überfahrenen Tieren fressen, dann wird einem klar, wie wichtig es wäre, dass Autofahrer nachts besonders langsam und vorsichtig fahren. Vielleicht könnte man so manchem Autofahrer diesen guten Tipp geben?

Mauswiesel

Steinmarder

Der Feldhamster

Es ist kein Wunder, dass die meisten Menschen, wenn sie „Hamster“ hören, sofort an den herzigen, mausgroßen *Goldhamster*, ein beliebtes Kuscheltier, denken. Sein großer Verwandter ist der *Feldhamster*, den viel weniger Leute schon gesehen haben. Dabei ist er ja ein berühmtes Tier, spricht man doch von „hamstern“, wenn jemand Nahrungsmittel in rauen Mengen sammelt.

Der Feldhamster ist ein prachtvolles Tier, etwa so groß wie eine kleinere Katze mit einem bunten Fell: Auf dem Rücken goldgelb, schwarz der Bauch, dazwischen weiße Flanken und weiße Flecken und ein kurzes Stummelschwänzchen. In warmen und trockenen Böden legt er seinen Bau in der Erde an und versieht ihn gleich mit mehreren Eingängen, darunter eine senkrechte Fallröhre, damit er rasch nach unten kann, wenn ihn zum Beispiel Greifvögel verfolgen. In diesem Bau verbringt er auch den Winter in einer so genannten Winterruhe, d. h. er schläft tief, wacht aber immer wieder auf, um zu fressen.

Dieses Fressen war der Grund dafür, dass er früher heftig verfolgt, vergiftet und gejagt wurde. Denn er sammelt Getreidekörner, Maiskörner und Erbsen auf den Äckern, stopft sich seine Backentaschen voll und trägt so mehrere Kilo Feldfrüchte in seinen Bau. Viele Hamster galten also als ausgesprochene Schädlinge.
Hamster setzen sich zur Wehr: Greift sie ein Hund oder Fuchs an, dann fauchen sie, springen ihn an, beißen, kratzen und richten ihn so zu, dass er blutend von dannen hinkt.

Heute ist der Hamster so selten geworden, dass er unter strengem Naturschutz steht. Es gibt auch immer mehr Bauern, die stolz darauf sind, wenn ein Hamster in ihrem Feld wohnt, und die ihm das Getreide gönnen, das allerdings heutzutage häufig durch Spritzmittel verunreinigt ist. Auch das ist ein Grund, warum die Hamster selten geworden sind.

Wenn du einen Hamster sehen willst, musst du am späten Nachmittag knapp vor der Dämmerung in die Nähe seines Baues gehen und dich ganz ruhig verhalten. Besonders im Herbst kann man dann den kleinen Kerl sehen, wie er – fett und mit geblähten Backen – über das Feld wackelnd seine Ernte einbringt.

Der Fuchs

Rotfuchs heißt er meist oder „Meister Reineke" im Märchen. Er zählt gewiss zu den berühmtesten heimischen Tieren. Schlau soll er sein, durchtrieben, ein Hühnerdieb bzw. einer, der Gänse stiehlt („Fuchs, du hast die Gans gestohlen"). Und er ist wirklich schlau, er versteht es sich so zu verbergen, dass man ihn kaum sieht.

Er ist ein hübscher Kerl, ähnlich einem zarten schlanken Hund mit rotbraunem Fell und weißem Bauch, spitzen Ohren, spitzer Schnauze und einem buschigen Schwanz, den der Jäger „Lunte" nennt. Eine Lunte ist eigentlich eine Art Zündschnur, mit der man in alten Zeiten Kanonen entzündet hat. Und wirklich sieht es wie eine brennende Zündschnur aus, wenn ein Fuchs in die Büsche entwischt.

In Wirklichkeit holt sich der Fuchs Hühner nur gelegentlich und niemals in der Nähe seines Baues! Bauern wissen, dass ein Fuchsbau im Wald hinterm Hof eine Garantie dafür ist, dass den Hühnern nichts passiert. In seiner geräumigen Erdhöhle ziehen Männchen und Weibchen die Jungen, die Welpen, groß. In dieser Zeit jagen sie ständig, um die vielen Mäuler zu stopfen.

Das „tägliche Brot" des Fuchses sind vor allem Mäuse, denen er auflauert und die er mit einem kühnen Luftsprung packt, aber auch Jungvögel, Rebhühner, junge Rehkitze und Hasen. Das hat ihm auch den Hass der Jäger eingetragen, die ihn verfolgen, wo sie können. Vor der Ausrottung hat ihn nur seine Fruchtbarkeit bewahrt, kann er doch manchmal bis zu zehn Jungen zur Welt bringen!

Der Fuchs (auch viele andere Raubtiere) überträgt die Tollwut, eine schreckliche Krankheit, die auch auf den Menschen übergehen kann. Ein tollwütiger Fuchs muss nicht immer mit Schaum vor dem Mund toben, wie man sich das vorstellt. Es gibt auch die „stille Wut", da werden die Tiere dann zahm, kommen näher und lassen sich sogar streicheln. Daher gilt: Wann immer du beim Spazieren im Wald einen zahmen Fuchs, Dachs oder Marder triffst, niemals angreifen! Am besten meldet man es sofort bei der Polizei oder einem Förster.

Heute legen die Jäger so genannte Impfköder aus, die das Gegenserum enthalten. Frisst der Fuchs den Köder, ist auch er gegen die Tollwut geschützt. Geimpfte Füchse sind der beste Schutz gegen neu eintreffende, womöglich kranke Füchse, weil sie diese erbarmungslos aus ihrem Revier vertreiben.

Der Dachs

Sehr berühmt, aber schwer zu sehen, ist Grimbart, der Dachs. Er wird fast so groß wie ein Hund, läuft aber stets eng an den Boden gedrückt, als hätte er keine Beine. Immer sieht es aus, als ob ihm sein graues Fell viel zu weit wäre. Unverkennbar ist er durch seine schwarzweiß gestreifte Schnauze.

So wackelt er in den Abendstunden auf Nahrungssuche durch den Wald, stöbert buchstäblich nach allem, was man essen kann: Vogeleier, Käfer, Schnecken, Eidechsen, Beeren, Knollen, Fallobst, Pilze, Mäuse, Würmer. Seine Speisekarte ist groß, er ist ein Allesfresser, obwohl er eng mit den Mardern verwandt ist.

Mit seinen großen Krallen gräbt er tiefe Baue in den Waldboden, die viele Generationen hindurch bewohnt werden. Jeder neue Dachs gräbt den Bau weiter, der schließlich riesige Ausmaße mit verzweigten Gängen erreicht. In England fand man einen Dachsbau mit 50 Kammern und über 800 m langen Gängen dazwischen! Dafür ist er sehr reinlich: Seinen Kot setzt er außerhalb seines Baues ab: An diesem „Dachs-Klo" kann man erkennen, ob ein Bau bewohnt (der Jäger sagt „befahren") ist oder nicht. Und oft leben Fuchs und Dachs friedlich nebeneinander in verschiedenen Kammern desselben Baus.

Den Winter verbringt er in Winterruhe. Doch manchmal erwacht er und geht dann an schönen Wintertagen auch einmal aus. Dann sieht man auch seine Spuren im Schnee, leicht zu erkennen an den wirklich langen Krallen, die ihre Abdrücke hinterlassen.

Auch Dachse wurden gnadenlos verfolgt, weil sie Gelege von Fasanen und Rebhühnern plündern und Junghasen fangen und fressen. Außerdem wurden seine Haare zu Pinseln verarbeitet (zu Rasierpinseln und Malerpinseln), sein Fett wurde zu einer Heilsalbe gegen Rheumatismus verarbeitet. Auch heute noch versuchen Jäger, die scheuen Dachse mit Giftgas in ihren Höhlen zu töten. Da man dabei auch den Fuchs häufig mittötet, erwischt man sozusagen zwei Fliegen auf einmal. Hoffentlich hört das bald auf!

Die Amsel

Schwarz wie Samt mit einem gelben Ring um die Augen und einem gelben Schnabel: So sieht das Männchen aus. Das Weibchen ist graubraun, hat einen graubraunen Schnabel und keinen leuchtenden Ring ums Auge.

Sein Gesang gehört zu den schönsten Stimmen im Frühling. Häufig ganz früh, vor allem aber am Abend, sitzen die Männchen hoch oben in den Baumwipfeln, auf Dachfirsten und flöten. Und es sind wieder nur die Männchen! Bei allen Singvögeln sind es nur die Männchen, die singen, während die Weibchen im Nest sitzen und die Eier ausbrüten. Erst wenn die Jungen geschlüpft sind, hilft auch der Vater mit, die gefräßigen Schnäbel zu stopfen.

Amselnester wird man nie auf Bäumen finden. Sie brüten auf dem Boden, im Gebüsch versteckt, im Garten oder in einem Blumenkistchen. Denn die Amsel ist einer jener Vögel, die sich gerne dem Menschen anschließen und in Gärten und Parks leben.

Da gibt es auch viel zu futtern. Amseln lieben Beeren aller Art, darunter auch viele, die für uns giftig oder ungenießbar sind, wie die schwarzen Beeren des Ligusters und die roten Beeren der Eibe. Im Allgemeinen sind Amseln sehr gut zu Fuß, hüpfen viel auf dem Boden herum und suchen dort nach Nahrung (zum Beispiel nach Regenwürmern). Diese sind nicht so leicht zu fassen. Sie verkeilen sich in ihren Erdröhren und oft reißt der Wurm dabei ab. Aber solange sein Vorderende erhalten ist, kann er sein Hinterende wieder nachbauen. Und meist streckt er sein Hinterende aus der Erde, und das ist es, was die Amsel bekommt.

Früher sind die Amseln im Herbst nach Süden gezogen. In unseren Städten und Dörfern gibt es auch im Winter genug Futter und darum bleiben die Amseln häufig im Winter bei uns. Sie hüpfen gerne am Boden unter dem Futterhaus herum und sammeln auf, was die Kleinvögel herausgeworfen haben.

Amseln können nicht nur singen. Sie haben auch eine richtige Sprache! Wenn ein Feind in Sicht ist, dann geben sie Warnlaute von sich. Aber diese Warnlaute unterscheiden sich, je nachdem, ob es ein Feind auf dem Boden ist, also etwa eine Katze, oder ein Feind aus der Luft, also ein Falke oder Sperber!

Ruft die Amsel laut „ziiieehh, ziiieehh, ziiieehh", dann muss man nach oben schauen: Dann hat sie einen Greifvogel entdeckt. Macht sie aber „Tschäk, tschäk, tschäk", dann hat sie wahrscheinlich eine Katze gesichtet. Leider sind die Katzen eben Raubtiere. Da kann man nur hoffen, dass die Vögel sich nicht erwischen lassen!

Der Kuckuck

Es gibt nicht viele Vögel, die ihren Namen rufen; eigentlich sind es nur zwei: der Zilp-Zalp und der Kuckuck. Der Kuckuck ist der einzige, dessen Ruf wohl jeder kennt. Nicht wenige Menschen sorgen dafür, dass sie ab Ende März immer ein paar Münzen in der Hosentasche haben. Denn wer beim ersten Kuckucksruf des Jahres mit Münzen klimpert, wird das ganze Jahr über Geld haben.

Der Kuckuck ist ein großer Vogel: größer als eine Amsel, grau gefärbt mit einem deutlichen grauen Wellenmuster auf der Brust. Aber das sieht man nicht, wenn man ihn entdeckt: Er sitzt meist hoch oben auf einem Baum und gegen den hellen Himmel sehen alle Vögel wie schwarze Scherenschnitte aus. Auch im Flug ist er gut zu erkennen: Ein langer Vogel mit einem etwas zu klein geratenen Kopf und sichelförmigen Schwingen ähnelt er im Flug fast einem Falken! Männchen und Weibchen sehen gleich aus, weil keiner von beiden die Eier ausbrüten muss!

Das Weibchen sucht sich ein fremdes Nest und legt flugs ein Ei hinein. Dann sucht sie den nächsten Wirt für ihr nächstes Ei. Die Eier der einzelnen Kuckucksweibchen sehen verschieden aus. Sie sucht sich ein Nest, dessen Eier wie ihres aussehen. Das kann ein Rotschwänzchen sein, ein Rohrsänger oder eine Grasmücke.

Allerdings ist der junge Kuckuck ein gefährlicher Geselle: Er schlüpft früher als seine Stiefgeschwister und wirft die anderen Eier aus dem Nest! Dann wächst er auch noch rascher und füllt als riesiges Vogeljunges das ganze Nest. Auf Grund ihres Instinktes können die Pflegeeltern nicht anders, als das neue Riesenkind zu füttern, bis das Junge flügge ist.

Ist der Kuckuck also ein böser Vogel, den man hassen muss? Keineswegs! Er handelt ja nicht aus Bosheit so, sondern weil ihn die Natur dazu bestimmt hat. Er hat auch seine guten Seiten! Er ist nämlich so ziemlich der einzige Vogel, der auch haarige Raupen frisst, unter denen viele sind, die sich massenhaft vermehren und dem Wald schädlich werden können. Denn der Kuckuck hat eine zähe, harte Magenwand, dem die spröden Borsten der Raupen nichts ausmachen.

Ein Vogel, der nur Insekten, Schnecken und Würmer frisst, muss natürlich den Winter im Süden verbringen. Im Frühling kommt er dann wieder zurück, gerade zurecht, wenn seine Wirtsvögel zu brüten beginnen und er (besser gesagt: sie!) ihnen wieder sein Ei unterschieben kann!

Der Star

Es gibt einen Vogel, der so heißt, ohne wirklich ein Star zu sein! Er sieht wie eine Amsel aus, wenn man nur flüchtig hinsieht. Sein schwarzes Gefieder hat jedoch helle Punkte und überdies schillert es in allen Farben metallisch. Noch einen Unterschied gibt es zur Amsel: Amseln laufen gerne alleine auf dem Boden herum. Stare am liebsten in großen Scharen, vor allem, wenn sie im Frühling aus dem Süden zurückkehren.

Anders als die Amsel baut der Star sein Nest in Baumhöhlen. Daher kann man ihn sehr gut in künstliche Nistkästen, die man im Garten auf Bäume hängt, locken und hat dann gleich einen fleißigen Sänger vor dem Fenster. Er setzt sich auf einen Ast und singt unermüdlich, damit andere Stare wissen, dass hier schon einer wohnt.

Sein Gesang besteht aus vielerlei Melodien, er hat ein großes Repertoire. Denn Stare sind Spöttervögel! Darunter verstehen die Wissenschaftler Vögel, die andere Laute nachmachen. Also singt der Star einmal wie eine Nachtigall, dann wie eine Drossel, dann wieder hat er einen quietschenden Rasenmäher aufgeschnappt und macht ihn nach, sogar Kinderstimmen kann man zuweilen aus seinem Schnabel hören! Daher sagen die Ornithologen – das sind die Vogelkundler – , wenn sie einen Vogel singen hören und nicht genau bestimmen können: „Das ist bestimmt ein Star!"

Nicht alle lieben den schönen Vogel. Vor allem die Winzer, die Weinbauern, hassen ihn. Denn im Herbst, gerade wenn die Trauben reifen, sammeln sich die Stare zu Tausenden, um als Riesenschwarm nach Süden zu fliegen. Vorher mästen sie sich vor allem mit Weintrauben. Man kann sich vorstellen, wie ein Weingarten aussieht, wenn tausende von hungrigen Schnäbeln über ihn hergefallen sind!

Darum haben die Winzer früher Wächter mit Schrotgewehren aufgestellt. Heute montieren sie Böllerkracher in den Weingärten, die automatisch alle paar Minuten einen Schuss auslösen. Man kann das besonders gut in den Weingärten um den Neusiedlersee hören. Doch die Stare sind schlau, viele fürchten sich nicht mehr vor diesen harmlosen Krachern. Darum mieten die Weinbauern kleine Flugzeuge mit ihren „Starpiloten", die dann im Tiefflug durch die Starenschwärme brausen und sie verjagen. Ein toller Anblick, wenn die kleinen Flieger heransausen, worauf sich eine riesige schwarze Wolke von Staren in die Luft erhebt – und in den nächsten Weingarten einfällt!

Der Turmfalke

Unser kleinster, herzigster und häufigster Greifvogel ist der Turmfalke. Eigentlich ist es ein Taggreifvogel, denn unter den Nachtgreifvögeln, also den Verwandten der Eulen, gibt es einen noch kleineren.

Besonders im Herbst, wenn die Bäume kahl werden, sieht man ihn als aufgeplustertes Kugerl auf den Baumästen sitzen, häufig sogar am Straßenrand. Denn er hofft, dass sich auf den Wiesen daneben bald die eine oder andere Maus zeigen wird. Mäuse sind seine Hauptbeute; etwas Größeres könnte er auch nicht mehr schlagen.

Doch nicht immer sitzt er still auf seiner Warte und späht nach Mäusen! Manchmal fliegt er los, kreuz und quer über eine Wiese, und sucht sie nach Feldmäusen ab. Da zeigt er seinen Haupttrick: den Rüttelflug! Immer wieder hält er inne und schlägt so geschickt mit den Flügeln, dass er wie angeleimt in der Luft steht, denn so kann er besser sehen. Findet sich nichts, dann fliegt er ein paar Meter weiter und rüttelt wieder, bis er eine Maus erspäht. Dann stürzt er wie ein Stein nach unten und schnappt sie mit seinen Krallen, fliegt zum nächsten Baum und „kröpft" sie, wie der Jäger sagt (er frisst sie auf).

Ein Nest baut der Turmfalke – wie im Übrigen alle Falken – nicht. Bestenfalls benutzt er ein altes Krähennest, meist aber legt er seine Eier in eine Felsnische, in eine Felsspalte oder einfach auf einen felsigen Absatz. Genau solche Plätze findet er auch in der Stadt! Auf Türmen, Balkonen, Dachböden, ja sogar auf Stromleitungsmasten, haben sich die Turmfalken eingefunden und leben nun mit dem Menschen zusammen, jagen in Parks und in den Vororten und werden von den Menschen als Mäuservertilger sehr geschätzt.

Oft nisten die Turmfalken mitten zwischen anderen Vögeln, also Tauben, Krähen, sogar Spatzen – obwohl der Turmfalke in der Not auch hin und wieder einen Spatzen fängt. Allerdings erwischt er wohl nur lahme, alte und kranke Spatzen. Er schnappt sich sogar Eidechsen! Junge Turmfalken wurden sogar beobachtet, wie sie Regenwürmer aus dem Acker gezogen haben.

Männchen und Weibchen kann man unterscheiden: Die Männchen sind ein bisschen kleiner und haben einen grauen Kopf und Schwanz, die Flügel sind rehbraun mit schwarzen Flecken. Das Weibchen trägt diese Färbung am ganzen Körper.

Es lohnt sich also, Bäume und Zaunstecken abzusuchen: Vielleicht siehst du dort auch einen viel größeren Greifvogel, den Mäusebussard?

Der Mäusebussard

Solltest du einmal hoch im Himmel eine Katze miauen hören, dann hast du bestimmt keinen Hörfehler! Es ist ein Mäusebussard, einer unserer häufigsten, großen Taggreifvögel: Ein gemütlicher Bursche, der sehr gerne lange auf seiner „Warte" sitzt und nach Mäusen äugt. Es kann ein Baumast sein, sehr häufig sind es Zaunpfähle entlang der Autobahn. Er kann es sich leisten, ruhig dazusitzen und einfach um sich zu blicken, denn seine Augen gehören zu den schärfsten Augen im Tierreich: Quer über ein Fußballfeld könnte er noch die Zeitung lesen – wenn er lesen könnte!

Daher kann er es sich leisten, hoch über den Wiesen und Feldern ruhige Kreise zu ziehen, fast ohne Flügelschlag. Er entdeckt jede Feldmaus – seine Hauptbeute – aber auch junge Hasen, junge Fasane, vielleicht sogar einen Hamster oder ein Wiesel. Letzteres kann gefährlich werden, ist es doch schon vorgekommen, dass ein gefangenes Wiesel den Bussard in der Luft totgebissen hat!

Seinen Katzenschrei äußert er vor allem aus zwei Gründen: Einerseits um Mäuse aufzuschrecken, die dann hastig nach Hause laufen, und dann von ihm leichter entdeckt werden. Andererseits ist das auch sein Balzruf, mit dem er Weibchen anlockt. Und so sieht man besonders im Frühling oft zwei Bussarde am Himmel kreisen, die sich gegenseitig zurufen. Das ist dann ein Bussard-Paar, das vielleicht demnächst schon einen Horst (also ein Nest) auf einem Baum anlegen und Junge großziehen wird.

Leider kreisen auch andere Greife in der Luft. Und gegen den Himmel sieht man die Tiere nur als schwarze Silhouette, als Schattenriss, das typische braune Tropfenmuster auf der Brust des Bussards ist dann nicht zu erkennen. Dann muss man sich mit dem „Flugbild" behelfen. Der Mäusebussard hat große, rundliche Flügel und einen kurzen, rundlich abgestutzten Schwanz, den er meist wie einen Fächer spreizt. Das ist gut zu wissen, denn sein Doppelgänger, der Habicht –, hat ein graues Wellenmuster auf der Brust, etwas spitzere Flügel und vor allem einen viel längeren, schmalen Schwanz.

Doch auf seiner Warte sitzt er oft ganz ruhig, er ist mit seinem Fleckenmuster auf seiner Brust gut zu erkennen. Das ist der wichtigste Unterschied zum Habicht, der ihm sonst recht ähnlich sieht, aber Querstreifen auf der Brust hat. Beide werden doch über einen halben Meter groß, die Flügelspannweite (also von Flügelspitze zu Flügelspitze) beträgt bedeutend mehr als einen Meter!

Das Rotschwänzchen

Einige heimische Vögel sind zu so genannten „Kulturfolgern" geworden. Das heißt, sie treiben sich gerne in der Nähe der Menschen herum. Die bekanntesten unter ihnen sind wohl die Amsel und die Sperlinge, also unsere Spatzen. Der dritte im Bunde ist das Rotschwänzchen, genauer gesagt: das *Hausrotschwänzchen*. Eine zweite Art, das *Gartenrotschwänzchen*, ist viel bunter, aber auch seltener.

Das Rotschwänzchen ist ein kleiner und zarter Singvogel und – wie der Name sagt – hat einen auf der Unterseite roten Schwanz, beim Männchen ist er orangerot, beim Weibchen dunkelrot. Ansonsten ist das ganze Vögelchen mausgrau. Beim Männchen allerdings sind Kopf und Brust rußig schwarz, als hätte er im Kohlenkübel gestöbert! Außerdem trägt er auf den Flügeln feine weiße Streifen.

Sie sind auch gut am Verhalten zu erkennen: Beim Sitzen „knicksen" sie immer wieder, es sieht aus, als probierten sie aus, ob der Dachfirst wohl hält! Ein Blick auf den Schnabel sagt uns, was sie fressen: Ein dünner, spitzer Schnabel, wie eine Pinzette geformt, dient dazu, Insekten, kleine Raupen und Spinnen zu fangen. Darum sind sie besonders im Garten gern gesehene Gäste, wo sie ungeheuer findig in den letzten Baumritzen und auf Blättern Beutetiere ausfindig machen und zum Nest tragen.

Besonders zur Brutzeit sind sie emsig unterwegs, weil sie bis zu sechs Junge füttern müssen. Und da haben wir den zweiten Grund, warum sie die Nähe des Menschen suchen: Häuser, vor allem auch Gartenhäuser, bieten eine Menge Nistplätze: In Ecken, auf Balken, in Winkeln unter dem Dachstuhl bauen Männchen und Weibchen mit Bienenfleiß Nester aus Moos, dürren Pflänzchen, da und dort auch mit gefundenen Daunenfedern von anderen Vögeln. Das tun sie oft sogar so nahe an Fenstern oder Türen, dass man ihnen bei der Nestpflege zusehen kann.

Leider geraten sie dadurch in die Reichweite von sehr geschickten Raubtieren: den Katzen. Diese wandern ja oft durch alle möglichen Gärten. Obwohl sie gut gefüttert werden, haben sie doch noch ihren Raubtierinstinkt, und ein brütendes Weibchen oder noch nicht flügge Nestlinge sind ein gefundenes Fressen. So fallen immer wieder ganze Bruten den Katzen zum Opfer.

Will man die Vögel schützen, so muss man ihnen kleine Gehegezäune bauen, bevor sie ihre Nester beginnen.

Der Kleiber

„Spechtmeise“ heißt er in manchen Büchern. Kein sehr guter Name, denn er ist weder ein Specht noch eine Meise! Aber er hat – das muss man zugeben – von beiden etwas: Wie eine Meise turnt er auf den Zweigen und wie ein Specht hämmert er Nüsse und andere Samen auf.

Noch etwas haben sie gemeinsam: Sie sind Höhlenbrüter, bauen ihr Nest also in Baumhöhlen. Doch nur der Specht kann sich diese selber meißeln, die beiden anderen müssen mit übrig gebliebenen leeren Höhlen Vorlieb nehmen. Und der Kleiber sucht sich vor allem Spechthöhlen aus. Er ist aber viel kleiner als ein Specht, das Einflugloch ist zu groß! Daher holt sich der Kleiber Lehm, vermischt es mit seinem Speichel zu einer teigigen Masse, und mit der klebt er nun einen Ring in die Spechthöhlenöffnung, durch den nur er und sein Weibchen passen. Daher sein Name: „Kleiber“ heißt eigentlich „Kleber“.

Kleiber sind schmucke Vögel: Blaugrauer Rücken, braunroter Bauch, ein schwarzer Streifen über dem Auge und ein sehr kurzer Schwanz, dazu ein kräftiger Schnabel wie ein Wurfpfeil. So turnt er auf den Ästen, vor allem in der Nähe des Hauptstammes, und kann etwas, was weder Specht noch Meise können: Er läuft Baumstämme auch kopfüber hinunter.

Daher sieht man den Kleiber vor allem im Frühling und im Winter, wenn die Bäume unbelaubt sind. Außerdem liebt er besonders alte, hohle Bäume, denn in diesen leben am meisten Insekten, also Larven von Käfern, Ameisen oder Borkenkäfer, die er geschickt aus ihren Gängen holt. Er hat es nicht nötig, im Winter in den Süden zu fliegen, denn einerseits leben die Insektenlarven jahrelang im toten Holz, also auch im Winter; andererseits stellt er sich im Winter auf Nüsse, Haselnüsse, Fichtenzapfen und ähnliche fettreiche Sämereien um. Die klemmt er dann in Baumrinden ein und zerhackt sie mit seinem harten Schnabel, genau, wie es auch der Specht macht. Er ist daher auch ein häufiger und gern gesehener Gast an Futterhäuschen und steht unter Naturschutz.

Grundsätzlich kann man natürlich alle Vögel auch an ihren Stimmen erkennen. Der Kleiber hat einige sehr leicht erkennbare Rufe, eigentlich sind es ziemlich laute und fordernde Pfiffe. Am besten merkt man sie sich, wenn man einem Kleiber beim Pfeifen zuschauen kann!

Unsere Meisen

Viele nennen sie die „Äffchen unter den Vögeln" – denn keine anderen turnen so geschickt und so behände rund um die Baumzweige wie sie. Es gibt bei uns mehrere Meisenarten, doch wir wollen uns nur um zwei von ihnen kümmern.

Die **Kohlmeise** ist wohl einer unserer schönsten Singvögel: kanariengelb der Bauch, weiße Wangen und eine kohlschwarze Kopfkappe, die ihr den Namen gegeben hat. Im Winter ist sie einer der häufigsten Vögel am Futterkästchen, viele Leute hängen ihr auch extra sogenannte „Meisenknödel" in den Baum, das sind Netzchen mit einem Knödel aus Fett und zermahlenen Körnern, an denen sie dann nach Herzenslust turnen können. Ihr Ruf, ein scharfes „Zi-Zi-päää" ist sehr leicht zu erkennen.

Kohlmeisen sind Höhlenbrüter, das heißt, sie legen ihre Nester in Baumhöhlen, Astlöchern oder Ähnlichem an. Die besten Höhlen aber bieten wir Menschen ihnen an – es sind die Briefkästen! Oft ziehen Meisen in den Briefkasten ein, und dann muss der Briefträger die Briefe eben anderswo hinlegen, bis die Jungen nach der Brutzeit ausgeflogen sind. In dieser Zeit suchen die Meiseneltern unermüdlich Zweige und Knospen nach Käfern, Räupchen, Fliegen, großen Ameisen und Spinnen ab und säubern so den Garten von unerwünschten Mit-Fressern.

Den ganzen Sommer ernähren sich die Kohlmeisen vorwiegend von Insekten und Würmchen, also von Fleischnahrung. Kaum kommt der Winter, stehen aber nur noch Körner und Baumsamen auf dem Speisezettel, sonst müssten sie nämlich fortziehen. Zu diesem Zweck baut sich sogar ihr Darm um, denn Pflanzenfresser brauchen ein wenig andere Verdauungsorgane als Fleischfresser. Im Frühling baut sich der Darm wieder auf Tiernahrung um. Darum tut man den Vögeln gar nichts Gutes, wenn man sie im Sommer weiter mit Körnern füttert! Sie essen sie weiterhin und bekommen womöglich eine Fettleber, an der sie zugrunde gehen.

Auch die **Blaumeise** ist ein Höhlenbrüter, ist aber menschenscheuer als die Kohlmeise. Sie ist kleiner, Rücken und Kopf sind zart blau gefärbt, ein wirklich hübscher kleiner Vogel. Sie ruft auch anders, nämlich „Zi-Zi-pi-pi-pi-pi-pi-pi". Ihr Schnabel ist kürzer und dünner, also eine perfekte Pinzette, um kleine Insekten aus Baumrinden und von Blättern zu holen. Er ist aber auch härter als der der Kohlmeise! Darum kann die zarte Blaumeise viel härtere Körner aufmeißeln, also Samen, die der Kohlmeise zu hart sind. Auch Blaumeisen turnen behände rund um Baumzweige, um Nahrung zu suchen. Es macht ihnen gar nichts, verkehrt auf dem Zweig zu hängen und in den Knospen zu stochern.

Beide Meisen sind im Garten hochwillkommen, weil sie ihn von Schädlingen befreien. Noch besser: Ich lasse z. B. im Garten die Blattläuse ungeschoren und vor allem unvergiftet, weil sie für Meisen eine hochwillkommene fette Beute sind, die nicht weglaufen kann, also ein perfektes Futter für die Jungmeisen, wenn es darum geht, viele Mäuler zu stopfen.

Der Buntspecht

Er heißt nicht umsonst „Buntspecht" – denn bunt ist er wirklich! Weißer Bauch, schwarzer Rücken mit weißen Längsflecken und Querstreifen, eine rote Platte am Hinterkopf, knallrot auch die Unterseite des Bürzels, das ist die Schwanzwurzel. Sogar im Flug erkennt man die bunte Färbung. Außerdem haben alle Spechte eine sehr typische Art zu fliegen: in langen, herabhängenden Bögen. Seine Flugbahn gleicht einer langen, durchhängenden Wäscheleine, die man in regelmäßigen Abständen oben befestigt hat.

Jeder weiß, dass Spechte an die Bäume hämmern. Er hat gleich drei Gründe, die ihn zum „Zimmermann des Waldes" machen: Zum Ersten die Nahrungssuche: Spechte hören sehr genau, wo in alten, sterbenden Bäumen Käfer oder Larven – die so genannten „Holzwürmer" – im Holz nagen, und auf diese fette Beute sind sie scharf. Darum hämmern sie den Gang dieser Tiere auf und strecken ihre lange, dünne und biegsame Zunge mit Widerhaken in den Gang, spießen die Larve auf und ziehen sie heraus. Borkenkäfer erwischen sie, indem sie mit dem Schnabel die Borke einfach seitlich wegschlagen.

Zweitens zum Nestbau. Mit dem harten, spitzen Schnabel meißelt der Specht wunderschöne Höhlen ins Holz in Form einer hängenden Tasche mit kleiner Öffnung: Gerade groß genug, dass Herr und Frau Specht durchkönnen, um die Jungen zu füttern, die auf dem Boden der Höhle, geschützt und gemütlich, sitzen.

Und drittens als Signal, um Weibchen zu werben: Ein wahrer Trommelwirbel klingt im Frühling durch den Wald. Der Specht sucht sich nämlich einen trockenen, elastischen Ast und trommelt so lange auf ihn ein, bis der Ast unter lautem Schnarren zu schwingen beginnt. Und aus Lautstärke und Dauer können die Weibchen erkennen, ob es sich um ein kräftiges oder schwaches Männchen handelt.

Im Winter gibt es dann noch ein viertes Hacken. Die schlauen Spechte sammeln nämlich Nüsse, Haselnüsse und Fichtenzapfen, klemmen sie in eine Rindenspalte wie in einen Schraubstock ein und hämmern sie nun geschickt auf, um die fettreichen, sehr nahrhaften Samen herauszuholen, gewissermaßen als Nachspeise zur Fleischmahlzeit; denn die „Holzwürmer" leben und nagen ja auch im Winter im Holz des Baumstammes, das sie vor der Kälte schützt.

Wenn du also in der Baumrinde eingeklemmt einen völlig zerfaserten Fichtenzapfen oder eine gesprengte Nuss findest, dann handelt es sich um so eine „Spechtenschmiede". Kleiber und Meisen machen das zwar auch, doch halten sie sich eher an kleine Nüsschen; der Buntspecht, groß wie eine Taube, ist ja doch ein wahrer Riese gegen sie.

Die Schwalben

Irgendwann Anfang April sind sie wieder da, heimgekehrt aus ihren Winterquartieren in Afrika: Die Schwalben. Wie kleine dicke Pfeile durchjagen sie in ganzen Schwärmen die Luft, manchmal hoch oben im Himmelsblau, manchmal stürzen sie in steilem Sturzflug herab und jagen atemberaubend schnell über Wasseroberflächen und über Viehweiden, oft zwischen den Beinen der Kühe hindurch. Der Volksmund nimmt sie als Wetterpropheten: Fliegen die Schwalben hoch, wird das Wetter gut, fliegen sie tief, kommt Regen.

Da ist was Wahres dran! Denn der Grund für ihre unermüdlichen Flugübungen ist – wie so oft – das Fressen: Schwalben fliegen, ihre kurzen breiten Schnäbel weit geöffnet, durch Mücken- und Fliegenschwärme, die sich in ihrem Mund wie in einem Fangnetz sammeln. Und diese Mücken schwärmen eben vor Regenwetter ganz unten, bei Schönwetter hoch in der Luft. Auf der Viehweide aber gelten andere Gesetze: Weidende Kühe locken zahllose Fliegen an, stöbern beim Grasen auch im Gras sitzende Mücken hoch – ein wahres Schlaraffenland für die kleinen Luftjäger!

Eigentlich sind es ja zwei verschiedene Schwalbenarten: Die **Mehlschwalbe** und die **Rauchschwalbe**. Die Mehlschwalbe hat einen leuchtend weißen Bauch und einen kurzen „Schwalbenschwanz", die Rauchschwalbe trägt einen tief gegabelten langen Schwanz, an ihrer Kehle prangt ein rostroter Fleck. Im Volksmund nennt man sie auch „Stallschwalben", weil sie gerne die Nester in Ställen bauen; ein kluger Bauer lässt darum stets ein Fenster offen, damit sie ungehindert heraus und hinein fliegen können. In solchen Ställen gibt's dann viel weniger Fliegen!

Besonders an den Nestern kann man sie gut unterscheiden. Alle Schwalben bauen die Nester aus aufgesammeltem Ton und feuchter Erde, den sie mit Speichel vermischen und an die Häuser kleben. Die Mehlschwalben bauen kugelige Nester mit oben einem seitlichen Flugloch, die Rauchschwalben lassen ihr Nest wie einen Napf oben offen und kleben es so dicht unter Dach und Balken im Stall, dass gerade noch ein Spalt frei bleibt, durch den sie aus- und einfliegen und die Jungen füttern können.

Leider sind die Schwalben selten geworden. Wir wollen einmal jene Leute vergessen, die mit Fähnchen und Stangen die Schwalben am Nestbau hindern, damit sie „keinen Dreck machen" – schlimm genug, dass es solche Menschen gibt! Aber auch ihr Nistmaterial, der feuchte Lehm, ist selten geworden. Wo gibt es denn noch offene Bodenstellen? Überall ist alles asphaltiert, betoniert oder mit Gras bewachsen. Die offenen Erdstellen, die nach dem Regen tagelang so richtig schön gatschig wurden, hat man zugebaut. So müssen die Schwalben oft sehr weit bis zum nächsten Acker oder einer anderen offenen Erdstelle fliegen, um ihren Baustoff zu sammeln – und das ist doch sehr anstrengend und zeitraubend.

Außerdem tragen viele neue Häuser – auch Bauernhäuser sind ja neu und modern – außen eine wetterfeste Schicht auf der Wand, an der die Nester nicht recht kleben wollen.

Umso schöner, dass es Menschen gibt, die extra für die Schwalben unter dem Dach eine raue Verputzschicht anbringen, darunter Brettchen befestigen (gegen den herabfallenden Kot) und sich über jede Schwalbe freuen, die sich hier ansiedelt. So einfach kann Naturschutz sein!

Mehlschwalbe

Rauchschwalbe

Mauersegler

Viele halten sie für Schwalben, denn wie Schwalben jagen sie durch die Luft: pfeilschnell, meist in kleinen Gruppen und vor allem in den Städten. Mit schrillem „Ssrrii, Ssrrii" sausen sie wie Düsenjäger sogar durch die Straßenschluchten, um sich dann hoch über die Dächer zu schwingen. Sie sind so schnell unterwegs, dass man sie kaum beobachten kann. Dann würde man sehen, dass sie keine Schwalben sind: Es fehlt der weiße Bauch und die Flügel sind lang, spitz, sichelförmig gebogen, so dass der ganze Vogel wie eine Sichel aussieht, dem vorn ein kleiner Kopf angefügt ist.

Das Beste aber ist: Sie scheinen keine Füße zu haben! Muss ein Mauersegler auf dem Boden notlanden, dann kommt er von selber nicht mehr weg: Die Flügel sind zu lang, die Füßchen zu klein. Sie eignen sich nur dazu, sich an Mauervorsprüngen festzuklammern. Daher machen Mauersegler alles im Flug: Sie sammeln aus der Luft treibende Federn und Grashalme, um daraus ein einfaches napfförmiges Nest zu bauen, das hoch in Mauerritzen angelegt wird – kaum jemand hat ein solches gesehen!

Ansonsten aber fangen sie ihre Beute, also Fliegen und Mücken, wie die Schwalben mit weit aufgerissenem Schnabel. Die Jungen sperren aber nicht die Schnäbel auf, wenn sie gefüttert werden wollen, sondern zupfen am Halsgefieder der Eltern, die ihnen dann eine Portion zusammengeballter Mücken in den Schnabel schieben.

Es ist klar, dass die Jungen erst flügge werden – also das Nest verlassen –, wenn sie ausgebildet sind für ein Leben im Luftraum, wenn nicht mehr die Gefahr besteht, abzustürzen und dann vom Boden nicht mehr starten zu können.

Was aber haben die Mauersegler gemacht, bevor es Menschen und Städte gab? Da lebten sie in felsigen Gebieten, haben sich an Felsen geklammert und in Felsspalten ihre Nester gebaut. Für sie ist die Stadt nichts anderes als eine vielfältige Felsenlandschaft aus viereckigen Türmen!

Der Storch

Eigentlich müsste man ja **Weißstorch** sagen, es gibt nämlich auch einen *Schwarzstorch*, der ein scheuer und seltener Waldvogel ist.

Der Weißstorch aber ist wohl der bekannte und beliebte „Meister Adebar", den leider viele nur vom Hörensagen kennen. Mit seinen langen roten Beinen, dem kräftigen Schnabel und dem schmucken weißschwarzen Gefieder ist er ein wirklich großer, lustiger und sehr freundlicher Vogel. Keiner unserer Jäger würde je auf einen Storch schießen!

Eine Legende jedoch ist, dass der Storch nur Frösche frisst! Er frisst alles: vom Käfer über Raupen und Heuschrecken bis zum Frosch und zur Schlange, ja sogar Mäuse verschmäht er nicht. Darum stakst er nicht nur am Seeufer, sondern auch in Wiesen und Äckern herum.

Störche legen ihre großen Radnester gerne auf Dächern und Rauchfängen an, sammeln Zweige und Äste und stecken sie so geschickt zusammen, dass ein stabiler Horst entsteht, der viele Kilogramm schwer wird. Da die Störche ihren Horst jedes Jahr wieder benützen und sogar erweitern, entstehen oft regelrechte zentnerschwere Kolosse. In Marchegg an der March, dem Grenzfluss zwischen Österreich und der Slowakei, gibt es eine Kolonie von Störchen, die auf Bäumen nisten. Das ist ein Naturschutzgebiet des WWF und beliebtes Ziel für Ausflügler, die die klappernden Vögel besuchen.

Warum klappern sie? Das ist eine Begrüßungszeremonie. Beim Storch sehen Weibchen und Männchen genau gleich aus, sie ziehen gemeinsam ihre Jungen groß. Wenn der Partner mit Beute von auswärts kommt, während der oder die andere die Eier ausbrütet oder die Jungen behütet, dann begrüßen sich die beiden, indem sie den Kopf in den Nacken werfen und laut mit dem Schnabel klappern.

Im August geht es dann wieder auf die große Reise nach Süden. Aus allen Richtungen treffen Störche zusammen und fliegen in größeren Trupps gemeinsam nach Afrika. Im nächsten Frühling kommen sie zurück – und da findet doch tatsächlich jeder sein eigenes Nest wieder!

Der Graureiher

Den Graureiher wird man im Sommer nur in der Nähe des Wassers treffen: entweder an Flussufern oder an Seen und Teichen. Denn der große Graue ist ein Fischjäger! Er frisst zwar auch Mäuse, wenn es nichts anderes gibt, aber am liebsten fängt er Fische. Dazu stakst er ins seichte Wasser und wartet regungslos, bis die Fische näher kommen. Dann stößt er von oben blitzartig zu und schnappt sich einen Fisch. So rasch und so zielsicher erfolgt der Stoß, dass die anderen Fische es oft gar nicht mitbekommen und sich weiter im Wasser tummeln.

Graureiher sind – wie schon der Name sagt – elegant grau, mit ein paar weißen und schwarzen Federn, der Schnabel ist gelb oder grau. An den Schläfen trägt er lange schwarze Federstreifen, die sich als Schopf aufstellen lassen und dann über dem Kopf wippen, gewissermaßen ein Markenzeichen aller Reiher. Immer trägt er den langen Hals in eine S-Kurve gelegt, vor allem, wenn er entspannt ist. Wenn er Menschen bemerkt, dann strafft sich der Hals: Das ist dann das Zeichen, dass er überlegt, ob er wegfliegen soll.

Im Flug ist er ganz leicht vom Storch zu unterscheiden: Er trägt den Kopf eingezogen, wie einen großen Knopf, während der Storch immer mit ausgestrecktem Hals fliegt. Der Graureiher wird so groß wie ein Storch (ungefähr 90 cm), er wiegt aber nur eineinhalb Kilo! Den größten Teil machen die Federn und Knochen aus.

Graureiher bauen ihre großen, plumpen Horste aus dünnen Ästchen auf Bäumen. Sie nisten immer gruppenweise, in so genannten Kolonien. Dort herrscht oft mächtiges Geschrei, nicht zuletzt, weil die schlauen Reiher regelmäßig ihr Nistmaterial vom Nachbarn stibitzen. Den Jungen bringen sie erbeutete Fische im Kropf mit und würgen sie dann aus.

Graureiher bleiben im Winter bei uns, sitzen dann an den unvereisten Flussufern oder gehen über die leeren Äcker, um eine vorwitzige Feldmaus zu erwischen. Zum Unmut der Fischer haben sie längst auch entdeckt, wie leicht es sich in Fischteichen wildern lässt. Dementsprechend gehören sie im Kreis der Fischzüchter zu den gehassten Vögeln. Noch unbeliebter ist nur noch der Kormoran.

Der Hirschkäfer

Er ist unser größter Käfer, vor allem das Männchen, das zwei mächtige geweihartige Zangen trägt, mit denen es ganz empfindlich zwicken kann! Diese Zangen sind Teil seiner Mundwerkzeuge – aber leider zum Fressen ganz und gar ungeeignet. Sie werden nur verwendet, um im Kampf um das Weibchen die Rivalen um die Mitte zu packen und vom Ast zu werfen oder auf dem Boden auf den Rücken zu drehen. Der Sieger kann dann das Weibchen begatten und so für Nachkommenschaft sorgen.

Der andere Teil der Mundwerkzeuge ist eine Art Pinsel, mit dem er Säfte auftupfen kann. Solche Säfte erzeugt jeder Baum: Es ist Zuckerwasser, das er in seinen Blättern herstellt und dann durch den ganzen Stamm in alle Teile leitet. Aber wie kommen die Käfer an den Saft ran?

Nun sollte man das Hirschkäferweibchen kennen! Es ist fast so groß wie das Männchen, sieht auch genauso aus: tiefbraun gefärbt, so groß wie ein Daumen, aber ohne Geweih! Stattdessen hat es zwei spitze Zangen, die noch viel schmerzhafter beißen können als die Zangen des Männchens. Mit denen ritzt es die zarte Rinde an Baumzweigen an, vor allem von Eichen, bis der Zuckersaft herauskommt. Deshalb sind die Weibchen für die Männchen noch einmal interessant: Denn am Zuckersaft kann dann auch das Männchen mitschlecken.

Hirschkäfer sieht man vor allem im Juni und Juli: Da fliegen sie abends wie große starke Brummer über Forstwege, gerne auch an Waldrändern und über angrenzende Wiesen, auf der Suche nach Weibchen und nach Eichen. Wie alle Käfer fliegen sie nur mit den dünnhäutigen Hinterflügeln (die man am Käfer gar nicht sieht, weil sie durch die harten Flügeldecken verdeckt sind). Die Flügeldecken spreizt er ab und nutzt sie als Tragflächen.

Die Eiche ist für den Hirschkäfer noch aus einem anderen Grund wichtig. Das Weibchen legt seine Eier nämlich in das morsche Holz alter, schon kränkelnder Eichen. Die Larve, die aus dem Ei schlüpft, ist ein praller weißer „Engerling" mit braunem Kopf, der sich nun fünf bis sechs Jahre lang vom abgestorbenen Eichenholz ernährt und auch dort verpuppt. Danach schlüpft eines Tages wieder ein prachtvoller Hirschkäfer aus dem Eichenstamm.

Doch die Tage der erwachsenen Käfer sind gezählt: Kein Hirschkäfer überlebt den Sommer! Wenn der Herbst kommt, sind sie alle gestorben, die wenigsten allerdings an Altersschwäche. Meist findet den Hirschkäfer ein Specht und verspeist ihn mit Genuss. Nur den unverdaulichen Kopf mit den Zangen lässt er übrig.

Das Tagpfauenauge

Der Pfau, ein prachtvoller Vogel aus dem fernen Indien, trägt auf seinen Schwanzfedern runde Flecken, die in allen Farben schillern, wie Augen aussehen und daher als „Pfauenaugen" bezeichnet werden.

Bei uns gibt es einen Schmetterling – er ist sogar sehr häufig – , der je einen solchen Fleck auf seinen Hinterflügeln trägt. Darum hat er auch den Namen *Tagpfauenauge* bekommen. Natürlich gibt es auch ein *Nachtpfauenauge*! Das ist ein Nachtfalter, viel größer als sein Vetter am Tag, und so selten, dass ihn nur wenige wirklich gesehen haben.

Unser Tagpfauenauge lebt, wie es sich für einen richtigen Schmetterling gehört: Gaukelt von Blüte zu Blüte und saugt dort Zuckersaft: Genau den Nektar, den auch die Bienen holen. Das Tagpfauenauge aber hat – wie alle Schmetterlinge – eine besondere Einrichtung, mit der es auch in tiefe, röhrenförmige Blüten kommt, in die keine Biene, keine Hummel eindringen kann: Einen langen dünnen Rüssel, den es in die Röhre steckt. Und damit der lange Rüssel beim Fliegen nicht stört, tragen die Schmetterlinge ihn wie eine Uhrfeder aufgerollt unter dem Kopf. Wenn sie ihn brauchen, rollen sie ihn aus.

Oft sieht man die Falter auch mit ausgebreiteten Flügeln auf dem Boden sitzen. Kommt man in die Nähe, fliegen sie weg, um sich alsbald wieder auf den Boden zu setzen. Dann drehen sie sich oft ein paar Mal, bis die Sonne voll auf ihre Flügel trifft. Denn darum geht es ihnen: Sie wärmen sich auf, tanken Sonne, um noch beweglicher zu werden.

Die jungen Tagpfauenaugen sind keine Schmetterlinge! Es sind Raupen – es ist eines der größten Wunder in der Natur, dass aus einer wurmartigen Raupe einmal ein bunter Schmetterling wird.

Die Raupen des Tagpfauenauges fressen Brennnesseln. Nichts anderes! Das Falterweibchen weiß das instinktiv und legt die Eier nur an Brennnesselblättern ab. Dann schlüpfen kleine Raupen, die ständig fressen und dabei wachsen, bis sie etwa 3 cm groß sind. Sie sind samtschwarz, haben viele weiche Stacheln (damit die Vögel sie nicht fressen) und dazwischen weiße Punkte. Manche Menschen ekeln sich vor ihnen, vor allem, weil oft eine Brennnessel voll von diesen Raupen ist. Aber unter der Lupe sieht man erst, wie schön sie sind.

Und wenn es dir auch so gehen sollte, dann denke daran: Es sind keine Würmer, es sind Schmetterlingsbabys!

Unsere Muscheln

Flussmuschel

Es gibt bei uns nur wenige Muschelarten, davon sind nur drei heimisch: Eine kam vor 150 Jahren zu uns, eine erst vor etwa 20 Jahren. Von den heimischen wirst du eine vermutlich nie sehen: die **Flussperlmuschel**. Sie trägt eine richtig dicke Perlmutterschicht und ist fast ausgestorben, weil sie wie die Muscheln im Meer schöne Perlen erzeugt, die früher sehr beliebt waren: Um sie zu erlangen, hat man die schöne Muschel fast ausgerottet. Die wenigen Überlebenden werden von Naturschützern streng behütet, ihr Vorkommen wird geheim gehalten.

Auch die anderen beiden heimischen Muscheln, die Flussmuschel und die Teichmuschel, wirst du nur entdecken, wenn du ein guter Beobachter bist. Sie graben sich nämlich vollständig ein, die Teichmuschel in den Schlamm, die Flussmuschel in den Schotter. Nur das Ende der Schalen guckt heraus, leicht geöffnet, also als schmaler Spalt. Durch den saugen sie Wasser ein und filtern Schwebstoffe, also das, was das Wasser trübe macht, heraus. Sie leben davon und das Wasser wird durch sie gesäubert.

Die **Teichmuschel** lebt – wie der Name sagt – in Seen und Teichen, also im stillen Wasser. Sie wird bis zu 20 cm groß und hat rundliche, dünne Schalen, die sich ohne weitere Probleme auf- und zuklappen lassen.

Die **Flussmuschel** ist da anders: Ihre Schalen sind länglich, kaum mehr als 12 cm lang, und vor allem dicker, schließlich muss sie im fließenden Wasser leben. Außerdem trägt sie am Schalenrand, unter dem Scharnierband, noch eine längliche Leiste auf der einen, einen länglichen Schlitz auf der anderen Schalenkappe. Wenn sie die Klappen schließt, greift die Leiste in den Schlitz und dann kann auch der stärkste Fluss die Schalen nicht mehr gegeneinander verdrehen. Übrigens machen wir Menschen es genauso, wenn wir Bodenbretter verlegen: Wir nehmen solche, die auf der einen Seite eine Leiste, die „Feder", und auf der anderen einen Längsschlitz, die „Nut", tragen. Die klopft man dann ineinander und der Boden hält die schwersten Tritte aus.

Am häufigsten aber trifft man an Flussufern oder in Seen eine der beiden zugewanderten Muschelarten an: Die **Wandermuschel**, die auch „Dreiecksmuschel" oder „Zebramuschel" genannt wird. Ihre dreieckigen, zebraartig gestreiften Schalen werden nur etwa 2 bis 3 cm groß, dafür kann sie noch was anderes: Sie erzeugt schwarze klebrige Fäden, die im Wasser hart werden, und klebt sich damit an Steine, Bootskiele oder auch an ihre Artgenossen. So kann sie große Klumpen bilden, die sogar Wasserrohre verstopfen können!

Wandermuschel

Teichmuschel

Der Regenwurm

Diesen rötlich gefärbten, geringelten Burschen kennt wohl jeder. Der Regenwurm ist eines der nützlichsten Tiere überhaupt. Allerdings werkt er im Stillen und im Dunkeln, in der Erde nämlich. Da frisst er das welk gewordene und halb vermoderte Falllaub. In seinem Darm verwandelt sich das verdaute Laub in beste Ackererde, die er in kleinen Häufchen am Rand seiner unterirdischen Röhre absetzt. Manche Gärtner sammeln diese Häufchen mit einer kleinen Schaufel und füllen Blumentöpfe damit. Die Blumen gedeihen darin besser als in irgendeinem anderen Boden!

Der Regenwurm lebt in engen Röhren, die er sich selber gräbt. Auch die sind gut für den Boden, weil er durch sie durchlüftet wird. Und diese Röhren sind schuld an seinem Namen! Denn wenn es stark regnet, füllen sich die Röhren mit Wasser. Damit er nicht ertrinkt, kommt er an die Oberfläche und kriecht über den Boden.

Wie aber bohrt ein so weiches Tier Löcher? Es macht sich lang und dünn und steckt den Kopf in die Erde. Dann macht es sich kurz und dick – die Erde weicht aus – und eine kurze Röhre ist entstanden. So dringt der Regenwurm ziemlich rasch in die Tiefe, vor allem, wenn die Erde weich ist.

Er trägt an jedem seiner Ringel – der Fachmann sagt „Segmente" dazu – einige Borsten, die er wie Steigeisen in den Boden stemmt. Mit dieser Hilfe ist er schneller beim Kriechen.

Erwachsene Regenwürmer tragen ein Stück hinter dem Kopf einen hellroten wulstartigen Ring.

Dieser dient seiner Fortpflanzung. Obwohl jeder Regenwurm ein Zwitter ist, also Männchen und Weibchen zugleich, braucht er doch zur Befruchtung einen zweiten. Die beiden Partner legen sich aneinander, ihre Wülste produzieren Schleim, der beide umhüllt, und dann übergibt jeder dem anderen Spermien! Sie funktionieren also beide als Männchen! Die Spermien werden in Blasen aufbewahrt, die Würmer trennen sich, und erst viel später erzeugt jeder Wurm neue Schleimringe, in der er je ein Ei und ein paar der aufbewahrten Spermien zur Befruchtung zusammen mischt. Dann kriecht er aus dem Schleimring. Der schrumpft zu einem zitronenförmigen Kokon, in dem der junge Wurm heranreift und schließlich schlüpft.

In der Nacht, mit der Taschenlampe in der Hand, kann man im Garten oft die Regenwürmer sehen: Da kommen sie aus ihren Löchern und ziehen abgefallene Blätter in ihre Röhren. Doch kaum trifft sie der Schein der Lampe, verschwinden sie wieder. Ja, das sind eben lichtscheue Gesellen!

Die Hummeln

Hummeln muss man einfach gern haben! Wie kleine Teddybären sehen sie aus, tragen einen dichten Pelz, sind schön gelbschwarzweiß gemustert und erzeugen beim Fliegen einen tiefen Brummton.

Hummeln und Bienen fliegen von Blüte zu Blüte und suchen das Gleiche: Nektar, also Zuckersaft, und Pollen, das ist der Blütenstaub. Der Zuckersaft gibt Kraft (auch Sportler nehmen Traubenzucker, wenn sie schwach werden), der Pollen enthält Eiweiß, einen der wichtigsten Aufbaustoffe des Körpers. Auch wir könnten uns mit Pollen satt essen, aber da müssten wir ganz schön viel davon sammeln!

Hummeln bauen sich Waben und suchen sich dafür Erdhöhlen. Am besten geeignet sind verlassene Mäusenester. Für den Wabenbau scheiden sie feine Wachsplättchen aus, kleben sie zusammen und mischen ein bisschen Erde und Moosstückchen dazu. Ihre Waben sind auch nicht so regelmäßig wie die der Bienen, sondern eigentlich ein Haufen von rundlichen Töpfchen, in die das Hummelweibchen je ein Ei legt.

Ein Hummelvolk besteht aus ungefähr 500 bis 600 Tieren und einer Königin. Nur diese überlebt den Winter. Die Mehrzahl der Tiere sind Arbeiterinnen, daneben hat das Volk auch Drohnen (Männchen) und Jungköniginnen. Die Arbeiterinnen können sich nicht vermehren, dafür sammeln sie umso fleißiger.

Im Gegensatz zu den Bienen fliegen Hummeln praktisch bei jedem Wetter: Weder Kälte noch Nebel kann sie abhalten, denn unsere Hummeln können ihren Körper gewaltig aufheizen, indem sie die Flugmuskeln bewegen. Außerdem hält sie ihr Wollpullover schön warm.
Daher sieht man Hummeln auch noch auf hohen Bergen. In einem verregneten Frühling verdanken wir den Hummeln, dass Marillen- und Kirschblüten doch noch bestäubt werden.

Manche Blüten haben sich speziell auf Hummeln eingestellt: Sie sind groß, haben tiefere Röhren (Hummeln haben eine längere Zunge als Bienen), manche sind durch Lappen so verschlossen, dass nur eine kräftige Hummel sie aufbiegen kann. Denn Blüten verschenken ihren Nektar nicht gerne! Der Blütenbesucher muss schon etwas dafür tun: Den Pollen zur nächsten Blüte tragen, damit die Pflanze bestäubt wird und danach Samen ausbilden kann.

Libellen

Viele Menschen fürchten sich vor Libellen. Groß und bunt sausen sie am Ufer von Teichen und Seen entlang, machen wohl auch Ausflüge auf die Wiese daneben. So schnell fliegen sie, dass man warten muss, bis sie sich einmal auf einem Zweig, einem Schilfhalm, auch am Boden niederlassen, damit man ihr farbiges Muster erkennt.

Keine Libelle kann stechen! Sie kratzen nicht einmal, wenn sie sich einmal auf einen Finger setzen sollten, der beste Platz, um sie zu beobachten. Dann sieht man deutlich ihre riesigen, kugelrunden Augen – sie sehen aus, als ob ein Netz darüber liegen würde, deswegen nennen die Biologen solche Augen auch „Netzaugen". Unermüdlich dreht und wendet sie wie ein Roboter den Kopf, um nach allen Seiten blicken zu können.

Die vier großen, glasklaren Flügel erinnern stark an die Rotorblätter eines Hubschraubers. Und das ist kein Zufall! Man sagt, der Erfinder des Hubschraubers habe sich die Libellen zum Vorbild genommen.

Die einzelnen Libellenarten an ihrer Färbung zu erkennen, ist keine große Hexerei, man muss allerdings ein wenig üben, noch dazu, weil Männchen und Weibchen oft verschieden aussehen. Eines allerdings sieht man gleich: Es gibt *Großlibellen* und *Kleinlibellen*: Die Kleinlibellen haben einen dünnen, stäbchenförmigen Körper und sehen wie fliegende Mikado-Stäbchen aus.

Alle Libellen sind Raubtiere: Sie jagen nach Schmetterlingen, Käfern, Fliegen, stürzen sich auch in vollem Flug auf sie, fressen sie zuweilen auch im Flug auf, wobei die unverdaulichen Beine und Flügel der Beutetiere dann rechts und links herunterrieseln. Libellen haben daher auch ganz bestimmte Reviere, die sie ständig abfliegen. Und wehe einer fremden Libelle, die in ihr Revier eindringt! Sie wird sofort verjagt.

Völlig anders sehen ihre Larven aus: Sie leben im Wasser und sind auch dort die fürchterlichsten Kleinräuber, die man sich denken kann. Sie haben eine so genannte Fangmaske, die sie eingeklappt tragen und beim Fang blitzartig vorschnellen lassen, ähnlich wie das Chamäleon seine Zunge. Sie mögen hauptsächlich Kaulquappen und sind sehr gefräßig.

Dann, wenn ihre Entwicklung fertig ist, klettern sie eines Tages an einem Schilfhalm aus dem Wasser – und eines der Wunder der Natur beginnt: Die Larvenhülle platzt am Rücken auf und ihr entsteigt das wunderbare, zarte Luftwesen Libelle. Allerdings sind die Flügel noch unansehnliche Klumpen. Doch im Laufe einer Stunde pumpt sie sie mit Luft voll, sie breiten sich aus, werden hart und durchsichtig. Bald schwingt sich eine neue Libelle surrend hinaus in die Luft des Sommers.

Die Feuerwanze

Der schlechte Ruf, den die Wanzen haben, kommt von zwei Eigenheiten: Erstens gibt es eine Wanze, die so genannte *Bettwanze*, die Menschen ansticht und Blut saugt. Sie ist klein, flach, rotbraun gefärbt. Sie lebt nur in sehr verwahrlosten Wohnungen, in der schlimmen Zeit nach dem Krieg war sie nicht einmal so selten. Heute ist sie fast ausgestorben.

Alle anderen Wanzen sind käferartige Tiere, die auf Pflanzen sitzen und Pflanzensäfte saugen. Aber – und jetzt kommt zweitens! – fast alle haben, um sich gegen gefräßige Räuber zu schützen, Stinkdrüsen auf dem Bauch, die einen stinkenden und schlecht schmeckenden Saft absetzen, wenn sie bedroht werden. Da sie gerne auf Himbeeren und Erdbeeren sitzen, kann es einem wohl einmal passieren, dass man plötzlich den Wanzengeschmack im Mund hat. Der Saft ist allerdings völlig unschädlich.

Feuerwanzen sind häufig anzutreffen: Es sind die sehr hübsch rotschwarz gefärbten Tiere, die sich im Frühling oft massenhaft am Boden rund um einen Baum – vorzugsweise eine Linde – sammeln, um Sonnenstrahlen zu tanken. Hier treffen auch Männchen und Weibchen zusammen, hier finden sie auch ihre Lieblingsspeise: Lindennüsschen, die kugeligen Früchte der Linde, die sie anstechen und aussaugen. Ihre Färbung ist eindeutig: Auf den roten Flügeln prangt je eine schwarze „Kirsche".

Die vielen verschiedenen Blattwanzen hält fast jeder für einen Käfer, weil sie so wie diese harte Flügeldecken haben. Im Volksmund nennt man einige daher „Schusterkäfer". Allerdings gibt es einen Unterschied: Wanzen haben im Gegensatz zu Käfern, deren Hinterleib von harten Flügeldecken bedeckt wird, am Ende der Flügeldecken ein durchsichtiges Fleckchen. Bei zusammengelegten Flügeln sieht es wie ein rauchgraues Quadrat aus.

Die Feuerwanzen haben nur kurze stummelige Flügeldecken, können auch gar nicht mehr fliegen – daher sind sie ja so gut zu Fuß unterwegs.

Viele Leute ekeln sich vor ihnen, weil sie in derartig großen Massen auftreten, dass es oft aussieht, als stünde der Baum in einem Feuerwanzenbrei. Aber bald schon verflüchtigen sich die Tiere, verkriechen sich und tauchen nur noch einzeln auf.

Bitte keinen Hass auf unsere Wanzen,sie gehören zu den schönsten Insekten! Im Museum sieht man zuweilen tropische Wanzen: Bunt schillernd, groß, prächtig. Hier käme kein Mensch auf die Idee, diese Tiere zu verachten!

Die Blattläuse

Blattläuse sind die absoluten Horrortiere für jeden Gartenbesitzer! Sie sitzen meist dicht gepackt auf Pflanzenstängeln. Sie gehören zu den Schnabelkerfen: das sind Insekten, die einen Stechrüssel haben. Mit dem stechen sie die Leitungsröhren von Pflanzen an und saugen den Zuckersaft. Das kann natürlich der Pflanze schaden, wenn es zu viele werden.

Die meisten Blattläuse haben im Frühling keine Flügel.
Sie stecken mit ihrem Rüssel fest in ihrer Zapfstelle und bekommen laufend Junge. Ohne Eier zu legen und ohne Männchen gebären sie junge fertige Blattläuse. Mit einer Lupe kann man beobachten, wenn das Junge aus dem Körper der Mutter rutscht. Erst im Sommer treten Junge mit Flügeln auf, Weibchen und Männchen. Diese fliegen munter durch die Gegend, paaren sich und legen dann auch Eier. Die letzten im Jahr überwintern, damit aus ihnen im nächsten Frühjahr wieder neue ungeflügelte Blattläuse schlüpfen.

Kohlmeisen, Grasmücken, Rotschwänzchen – kurz, alle Vögel, die ihre Jungen mit Insekten großziehen müssen, lieben die Blattläuse: Sie können nicht weglaufen und haben eine zarte Haut. Der Marienkäfer und seine poppige Larve fressen auch fast nur Blattläuse.

Die Schwebfliegen, das sind die, die wie Wespen aussehen, aber in der Luft stehen können, legen die Eier auf die Blattlauskolonien. Ihre Larve, die wie eine kleine grüne Nacktschnecke aussieht, frisst nämlich auch nur Blattläuse! Ebenso macht es die Florfliege, nur sehen ihre Larven unter der Lupe wie kleine Drachen mit zwei furchterregenden Beißzangen aus.

Die Ameisen melken sie: Sie geben zwar keine Milch, aber funkelnde Tröpfchen von Zuckerwasser ab. Die Ameisen klettern zu den Blattläusen, betasten sie mit den Fühlern und schlecken die süßen Tröpfchen auf. Dafür beschützen sie auch ihre Blattlaus-Kühe vor den anderen Fressern, verjagen die Florfliegen- und Schwebfliegenlarven, schleppen sogar absichtlich Blattläuse auf saftige Stängel, damit alle auf einem Fleck sind.

Das heißt aber nicht, dass jetzt die Ameisen auch schädlich sind! Sie tun ja sonst so viel Gutes, dass man ihnen ihr Weidevieh ruhig gönnen kann. In einem gesunden Garten steht eben alles „im Gleichgewicht", alles passt zusammen, keine Tierart nimmt überhand und keine muss verhungern.

Nur wenn der Mensch die Blattläuse mit Gift bespritzt, dann sterben alle anderen Tiere mit: die Vögel, die Florfliegen, die Schwebfliegen, die Ameisen.
Nur ausgerechnet die Blattläuse überleben die Giftspritze, erholen sich sehr rasch und werden sogar immun gegen das Gift. Daher Hände weg von der Giftspritze! Die Natur macht alles richtig! Und das seit Millionen von Jahren.

Die Florfliege

Wenn der Herbst kommt, tauchen in unseren Wohnungen manchmal Tiere auf, die der Unkundige für Ungeziefer hält. Aber die schönen Florfliegen sind völlig harmlos. Sie sind etwa 2 cm groß und tragen große, durchsichtige Flügel, eben Flügel wie ein „Flor", das ist ein feines, durchsichtiges Gewebe, wie man es manchmal für einen Brautschleier verwendet. Einige sind grün, andere braun, haben einen zarten, dünnen, stäbchenförmigen Körper, ein wenig wie eine Libelle. Aber sie tragen die Flügel nicht ausgestreckt, sondern über dem Rücken zusammengefaltet.

Sieht man sie aus der Nähe an, entdeckt man ihre wahre Schönheit: Zwei große kugelige Augen (natürlich sind es Netzaugen, wie bei allen Insekten), die wie ein Rubin rot glänzen, es sieht fast aus, als ob sie leuchten würden. Darum lautet ihr wissenschaftlicher Name in der Übersetzung „Goldauge".

Sie fliegen ein wenig taumelnd herum, sitzen bald da, bald dort. Was sie in den Wohnungen suchen, ist ein geschütztes Winterquartier. Sehr gerne setzen sie sich hinter Schränke, hinter Kommoden, gerne auch im Keller oder Dachboden fest. Ein herrlicher Platz, um den Winter zu überstehen!

Da sitzen sie nun und halten Winterschlaf. Wenn der Frühling kommt, dann wachen sie auf und flattern wieder hinaus ins Freie: Dort legen sie Eier, damit es wieder neue Florfliegen gibt. Diese Eier sind wahre Kunstwerke: Jedes Ei sitzt auf einem 1 cm hohen, sehr dünnen Stiel. Auch die Ameisen, stets auf Nahrungssuche unterwegs, übersehen sie leicht, wissen sie doch nicht, dass an dem dünnen harten Stielchen oben ein nahrhaftes Ei sitzt! Doch aus dem Ei schlüpft ein wild aussehendes, sehr bewegliches Tier, ein wahrer Drache mit riesigen Kneifzangen, der nicht umsonst im Volksmund „Blattlauslöwe" genannt wird.

„Riesig" heißt so groß wie ein Weizenkorn! Aber riesig für die Beutetiere, die noch viel kleiner sind. Denn die Larven stürzen sich sofort mit wilder Gier auf Blattläuse, fressen sie und werden dabei immer dicker und größer, häuten sich mehrmals und verkriechen sich dann in eine Baumritze, wo sie sich verpuppen. Aus der Puppe kriecht dann wieder eine zarthäutige Florfliege, die sich auch mit Blattläusen vollfrisst, bis der Herbst kommt. Dann sucht sie sich wieder in einer Wohnung ein Winterquartier.

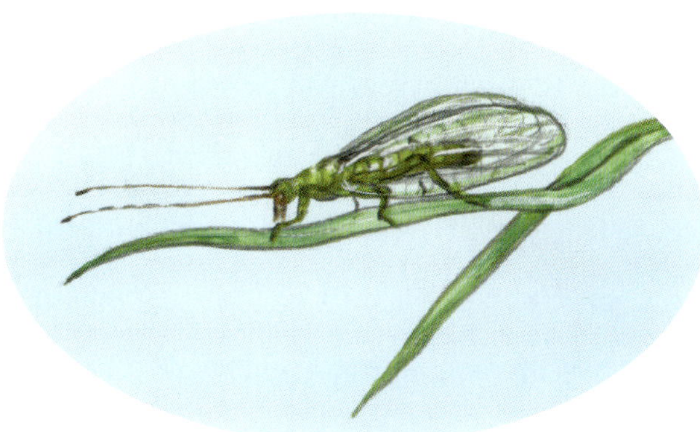

Die Weinbergschnecke

Bei welchen Tieren ist der Kopf direkt am Fuß angewachsen? Bei den Schnecken! Der Hauptteil des Schneckenkörpers, auf dem die Schnecke kriecht, wird „Fuß" genannt, und sein Vorderende, wo der Mund und die Fühler sitzen, „Kopf".

Die Weinbergschnecke ist unsere größte Schnecke, ein wirklich prachtvolles Tier. Besonders spannend ist es, ihr zuzusehen, wenn sie erschreckt wird und sich in ihr Haus zurückzieht, bis nichts mehr herausschaut. Dann aber kommt sie langsam wieder zum Vorschein, stülpt ihre vier Fühler aus und fängt an zu kriechen. Man kann es oft kaum glauben, dass das ganze Wesen im dem Haus Platz gehabt hat!

Sie kriecht mit einer raffinierten Methode: Die Kriechsohle wird an mehreren Stellen angehoben und jeweils ein Stückchen weiter vorn aufgesetzt. Wie eine Welle sieht das aus, wenn sie über eine Glasscheibe kriecht.

Auch zum Fressen hat sie ein besonderes Organ: Eine Zunge wie ein Reibeisen, das Pflanzenblätter abschabt und abkratzt, besonders, wenn diese schon etwas welk sind. Sie hat einen feinen Geschmacksinn und ist recht wählerisch. Daher macht es ihr nichts aus, dass sie sehr schlecht sieht. Sie hat zwar die Augen am Ende ihrer langen Fühler (die kurzen sind zum Tasten da), aber es sind einfache Augen, mit denen sie nur wahrnehmen kann, ob Licht da ist und aus welcher Richtung es kommt. Mehr nicht. Daher ist sie auch so schreckhaft, wenn ein Schatten auf sie fällt.

Ist dir schon aufgefallen, dass die lebende Schnecke meist ein braunes Haus hat, leere Schneckenhäuser aber bleich, kalkweiß sind? Da ist leicht zu erklären: Bei der lebenden Schnecke ist die Schale von einer Hornschicht bedeckt, die immer wieder erneuert wird. Stirbt die Schnecke, dann blättert die Hornschicht ab und das kalkweiße Gehäuse kommt zum Vorschein.

Komischerweise sind alle Schneckenhäuser in derselben Richtung gewickelt, nämlich so, dass die Öffnung rechts ist, wenn man von vorne darauf schaut. Was aber ist in dem Haus? Der Schneckenkörper, das sind ihre Eingeweide, der Darm, ein paar Verdauungsdrüsen, das Herz, die Nerven, vor allem aber ein großer Hohlraum, den sie wie eine Lunge verwendet: die Mantelhöhle. Wenn die Schnecke kriecht, siehst du am rechten Gehäuserand unten oft ein rundes Loch. Das ist die Atemöffnung, durch die die Luft in die Atemhöhle dringt. Wehe, die Weinbergschnecke fällt ins Wasser! Dann ertrinkt sie hoffnungslos.

Die Nacktschnecken

Nacktschnecken sind nicht sehr beliebt, weil sie im Garten, anders als die Gehäuseschnecken, sehr gern frische Blätter anknabbern. Mit ihrer Reibzunge, die wie ein halbrundes Reibeisen geformt ist, bohren sie Löcher in Karotten, Kohlrabi, Radieschen. Sie fressen abgefallene Marillen an, nagen an Falläpfeln und schaben emsig in feuchten Nächten große Löcher in die Salatblätter.

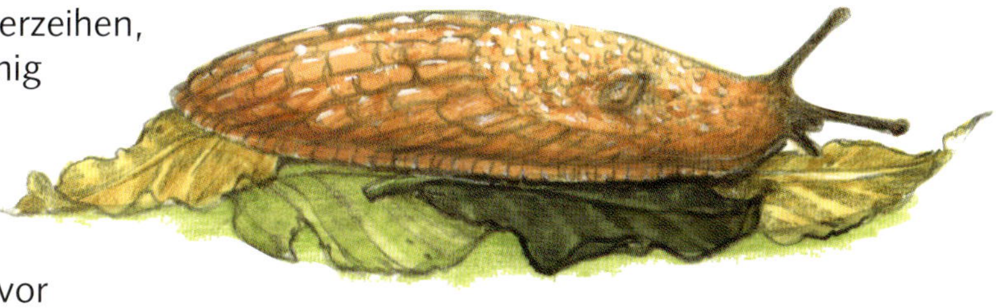

Das Fressen würde man ihnen ja noch verzeihen, wenn sie nur nicht so schrecklich schleimig wären! Wer eine Nacktschnecke in die Hand nimmt, kann den Schleim nur mit Scheuerpulver wieder abkriegen. Genau das ist der Sinn des Schleims – die Schnecke verwendet ihn, um sich vor ihren Feinden zu schützen. So hüten sich die meisten Tiere, Nacktschnecken zu fressen. Höchstens der Igel frisst sie in der Not und die asiatischen Laufenten, die man extra zu diesem Zweck bei uns eingeführt hat. Außerdem gibt es Tiere, die mit Vorliebe Schnecken fressen, etwa die Blindschleiche, die Laufkäfer und – die Glühwürmchen, also die Leuchtkäfer! Aber die Schnecken vermehren sich zu rasch und sind zu groß und rutschen weiterhin durch den Garten.

Trotzdem sind es interessante Tiere. Sie haben kein Gehäuse, das stimmt, aber unter der Haut tragen sie auf dem Rücken eine hornige Schuppe – das ist der Rest eines Gehäuses, das ihre Vorfahren noch getragen haben. Auf ihrer Seite öffnet und schließt sich immer wieder ein Loch – das ist die Atemöffnung, die in die Atemhöhle führt.

Wer glaubt, dass Schnecken langsam sind, dem rate ich zu einen Versuch:
Wenn du eine Nacktschnecke entdeckst, die gerade am Kriechen ist, dann geh doch kurz weg und komm nach ein paar Minuten wieder. Dann ist die Schnecke weit fort, vielleicht sogar unauffindbar weit gekrochen!

Die Zebraspinne

Keine Angst vor Spinnen: Fast alle heimischen Spinnen sind völlig harmlos, sie können nicht einmal unsere Haut durchbeißen. Es gibt auch eine, die einfach jedem gefallen muss: Das ist die Zebraspinne, die auch Wespenspinne heißt, weil ihr Hinterkörper gelbschwarz geringelt ist.

Zebraspinnen bauen radförmige Fangnetze, aber nicht oben in den Büschen, sondern immer knapp über dem Boden, zwischen den Stängeln von Wiesenpflanzen und niedrigen Büschen. Sie benötigt für den Netzbau ungefähr 40 Minuten. Da sitzt sie in der Mitte und wartet auf Beute. Meist sind es niedrig fliegende Insekten, vor allem aber Heuschrecken, die beim Sprung in ihr Netz geraten. Ihr Zappeln hilft nichts – sofort kommt die Spinne angerückt, lähmt sie mit einem Biss und wickelt sie in Fäden ein.

Spinnen haben zwar acht Augen, aber diese sind sehr leistungsschwach, können gerade hell und dunkel unterscheiden. Doch ihr Tastsinn ist so hervorragend, dass sie sofort erfühlt, an welcher Stelle des Netzes ihre Beute gelandet ist.

Zebraspinnen machen noch etwas Hübsches: Sie weben ein weißes Zickzack-Band von der Mitte des Netzes bis zum Rand. Niemand weiß wozu – für uns aber ist es ganz angenehm, entdecken wir die hübsche Fallenstellerin dadurch doch viel leichter.

Ihre Eier spinnt die Zebraspinne in ein kleines dichtes Beutelchen aus Spinnweben, etwa so groß wie eine große Erbse, mit einem Krönchen daran. Dieser Eikokon ist so hübsch, dass man ihn in Volksmund „Feenlämpchen" nennt. Allerdings vergeht die Schönheit nach einem Tag: Die Spinne pappt nämlich Schlammklümpchen und Schmutzteilchen darauf, damit das Eipaket unansehnlich wird. Da hängt dann eben ein Schmutzkügelchen am Strauch und mögliche Eiräuber kommen gar nicht auf die Idee, dass darin etwas Fressbares sein könnte.

Der Wasserläufer

Die Wasserläufer können auf dem Wasser Schlittschuhlaufen. Es sind kleine, schmal gebaute Insekten mit langen Beinen, die pfeilschnell über die Wasseroberfläche von Teichen, Weihern, ja sogar manchmal auf dem Swimmingpool dahingleiten. Dabei sieht es aus, als hätten sie nur vier Beine – das gehört sich doch nicht für Insekten! Die sollten sechs Beine haben! In Wirklichkeit halten sie die beiden vorderen Beine als Putzbeine nach oben, sie sehen dann wie Fühler aus.

Um sie genauer zu beobachten, legt man sich am besten ans Ufer oder auf einen Badesteg und wartet, bis sie näher kommen. Nun sieht man auch, was sie am Wasser machen: Sie warten darauf, dass irgendwo eine Ameise, ein kleiner Käfer oder Schmetterling ins Wasser fällt. Sie fühlen dann die feinen Schwingungen, die auf der Wasseroberfläche erzeugt werden, erkennen dadurch, wo das passiert ist und skaten sofort hin.

Da sie mit den Wanzen verwandt sind, haben sie am Mund einen Stechrüssel, mit dem sie sofort das Unfallopfer anstechen. Dann spritzen sie Verdauungsflüssigkeit hinein und saugen den verdauten Speisebrei wieder zurück. Das geht nicht so rasch – manchmal sitzen drei oder vier Wasserläufer um einen Schmetterling und saugen in vertrauter Runde. Für uns sind sie völlig harmlos, können uns also nicht stechen!

Wieso sinken sie nicht ein? Nun, jede Wasserfläche hat eine gewisse Spannung, die Oberflächenspannung. Für die meisten Tiere ist diese zu schwach, daher sinken sie ein. Die Wasserläufer aber haben dünne Borsten auf den „Zehenspitzen", dadurch verteilt sich ihr Gewicht und die Oberflächenspannung hält sie aus.

Sie nutzen diese Spannung aber auch noch anderwärtig: Als Telefon! Auf der Suche nach einem Weibchen trommeln die Männchen einen Vibrationswirbel aufs Wasser, aus dem die Weibchen erkennen können, wie stark der Trommler ist und wo er sitzt.

Die Wasserläufer können auch fliegen. Ein guter Beobachter wird die kleinen Flügeldecken auf dem Rücken bemerken. Darunter sitzen Flügel, mit denen sie recht gut fliegen können.
Wer etwa ein paar Wasserläufer in einen Kübel mit Wasser setzt, um sie mit nach Hause zu nehmen, wird enttäuscht sein: Nach ein paar Minuten ist die Wasserfläche leer.
Die Wasserläufer sind entwischt!

Die Gelsen

Gelsen werden auch *Stechmücken* oder *Moskitos* genannt. Diese Tiere gehören zu den meistgehassten Insekten, weil sie Blut saugen. Nun, auf das bisschen Blut könnten wir wohl verzichten, wäre da nicht ein Stoff, den sie beim Stich in die Wunde spritzen, ein Stoff, der die Blutgerinnung verhindert. In so einer winzigen Wunde würde sofort das Blut stocken, also gerinnen – und aus wäre es mit der Blutmahlzeit!

Dieser Gerinnungshemmstoff aber ist es, der juckt, und der die Gelsenstiche zur Qual macht, nicht der Blutverlust! (Übrigens brauchen alle Blutsauger so einen Stoff, also auch die Zecken und die Blutegel.)

Warum aber stechen sie überhaupt? Menschenblut ist sehr nahrhaft, sehr sauber und kann fast zur Gänze verdaut werden. Diese Nährstoffe brauchen die Gelsen zum Aufbau ihrer Eier. Natürlich nur die Weibchen! Daher stechen auch nur die Weibchen; die Männchen suchen sich Blüten und nuckeln dort Nektar und Tautropfen.

Dafür sind die Männchen verantwortlich für den hohen, schrillen Gesang der Weibchen. Den äußern diese, sobald sie eine Nahrungsquelle – also Menschen – gefunden haben, um Männchen anzulocken. Denn die Eier müssen ja befruchtet werden, sonst werden da keine Nachkommen daraus.

Die länglichen Eier werden dann in Form kleiner Flöße aufs Wasser gelegt, daraus schlüpfen später die Larven. Diese sind dafür verantwortlich, dass Ökologen die Gelsen geradezu als nützlich bezeichnen! Die Gelsenlarven ernähren sich nämlich, indem sie mit Hilfe von Wimpernkränzen pausenlos fein verteilte organische Zerreibsel, die im Wasser schweben, einstrudeln und verdauen. Kurz gesagt – Gelsenlarven säubern das Wasser –, und zwar umso besser, je mehr es sind.

Da sie keine Kiemen haben, müssen sie Luft atmen. Dazu hängen sie sich mit dem Hinterende an die Wasseroberfläche, baumeln gewissermaßen herab und strudeln vor sich hin. Das macht sie zum besten Futter für kleine Fische und Wasserinsekten, die sie einfach von der Wasseroberfläche pflücken. Das bedeutet: Die organischen Schmutzstoffe wandern zuerst in die Gelsenlarven und dann mit ihnen in die Fische. Ein gesundes Gewässer enthält so viele Gelsenlarvenfresser, dass nur wenige Gelsen überleben und schlüpfen können.

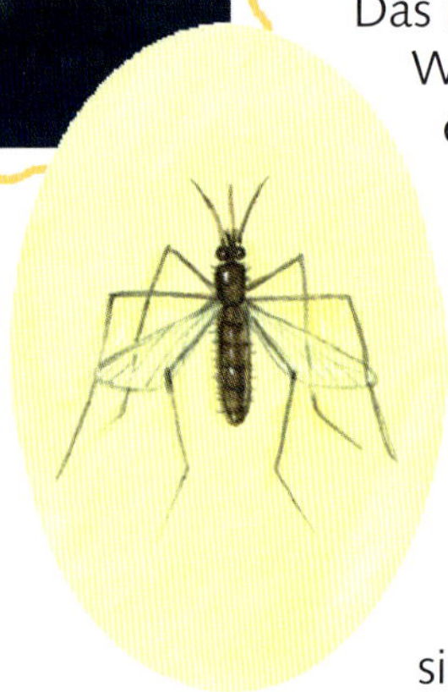

Anders ist es in wassergefüllten Radspuren, in seichten Lacken, in Regentonnen und Blumentöpfen: Niemand frisst dort die Larven. Sie alle kommen zur Entwicklung und bevölkern dann in hellen Scharen, sirrend und stechend, unsere Gärten und Wohnungen.

Unsere Linden

In den Dörfern kann man zuweilen auf dem Dorfplatz einen mächtigen Laubbaum mit ausladender Krone sehen, die einen tollen Schatten wirft. Das ist dann meist eine Linde. Schon in alten Zeiten hat man oft Linden auf den Dorfplatz gesetzt, unter ihrem Kronendach wurde sogar Gerichtsverhandlung gehalten! Auch neben kleine Kapellen oder Bildstöcke mitten im freien Feld setzte man gerne Linden, einfach weil sie so schön sind.

Linden haben wunderbar ebenmäßige, symmetrische Formen: Daran erkennt man sie auch im Winter, wenn sie blattlos dastehen. Im Sommer aber, so gegen Ende Juni, entwickeln sie ihre grünlichgelben Blüten. Diese strömen einen intensiven Honigduft aus, der nicht nur das ganze Dorf oder ganze Straßenzüge füllt, er lockt auch Insekten an: vor allem Bienen, Hummeln, Fliegen und Schmetterlinge. So liegt über einer sommerlichen Linde auch das Gesumm der Bienen.

Im Herbst wird es spannend. Dann bilden die Linden ihre Früchte: Kugelige „Lindennüsschen", die zu zweit oder zu dritt an einem Stängel vom Zweig herabhängen. Dieser Stängel aber trägt oben ein Blatt, das ganz unscheinbar grün anfängt. Dann wird es immer größer, schließlich braun und papierartig. Dieses Blatt ist ein Flugblatt, es wird zu einem richtigen Paragleiter, an dem unten die Früchtchen hängen. Langsam trudeln sie mit ihrem Flugblatt zu Boden, der Wind treibt sie seitwärts ab, bis einige irgendwo auf dem Boden landen. So können sie sich an einer ganz anderen Stelle ansiedeln und wieder zu einer großen Linde werden.

Auch die Lindennüsschen finden ihre Liebhaber: die Feuerwanzen. Scharenweise drängeln sich die hübsch schwarzrot gezeichneten Tiere in die Sonne, bohren die am Boden liegenden Lindennüsse an und saugen sie aus.

Bei uns gibt es zwei Lindenarten: die **Sommerlinde** und die **Winterlinde**. Beide haben perfekt herzförmige Blätter, aber die der Winterlinde sind kleiner, härter und dunkler und tragen auf der Unterseite gelbliche Haarbüschel, wo sich die Blattadern gabeln. Und wenn du jemand mit deinen Botanik-Kenntnissen verblüffen willst, dann geht das gut mit den Lindennüsschen: Die der Sommerlinde sind hart, die der Winterlinde kann man zwischen den Fingern zerdrücken. Und den Trick kennen nicht viele!

Die Rotbuche

Das harte Buchenholz – das Holz der Buche ist sogar ein klassisches Hartholz! – ist rötlich, und auch das Laub verfärbt sich im Herbst rot, sodass die Buchenwälder von der Ferne wirken, als stünde der ganze Wald in Flammen. Diese Farbe steht ganz im Gegensatz zur Rinde, die bei der Buche silbergrau und sehr glatt ist. Die Buchen können mächtige Ausmaße erreichen:
Wer durch den Buchenwald wandert, der meint durch eine Kirche mit hohen Säulen zu gehen. Im Frühling ergibt es ein wunderbares Bild, wenn die Sonne durch die zarten, durchscheinenden, hellgrünen Blätter leuchtet.

Im Herbst haben uns die Buchen noch etwas Besonderes zu bieten: ihre Früchte. In zottigen, stacheligen Bechern, die mit vier Zipfeln aufspringen, stecken zu zweit die Früchte selbst. Bucheckern heißen sie, sie sind dreikantig, dunkelbraun und sehr hart. Es lohnt sich, sie aufzumachen, mit dem Fingernagel macht das zwar einige Mühe, aber dafür kommt man so an den köstlich schmeckenden, nussartigen Kern. Aber Vorsicht! Man sollte nur ein paar essen, sie enthalten nämlich ein leichtes Gift, das aber erst wirksam wird, wenn man unmäßig viel davon isst.

Dafür sind sie eine wichtige Nahrung für Waldmäuse, Vögel wie Spechte, Meisen und Kleiber, für Eichhörnchen und Wildschweine. Leider gibt es nicht jedes Jahr massenhaft Bucheckern; nur etwa alle vier Jahre ist ein so genanntes „Mastjahr", da quellen die Buchen von Früchten über und alle können sich satt essen.

Sehr merkwürdig aber sehen die ganz jungen Buchen aus, eigentlich die Keimlinge: Sie tragen zwei miteinander verwachsene Blätter wie einen aufgespannten grünen Schirm. Hier handelt es sich um ein Buchenbaby! Es ist wichtig, dass die Keimlinge viel Sonnenlicht tanken können, denn sie keimen ja im Schatten unter den großen Buchen, müssen sich aber, wie alle grünen Pflanzen, mit Hilfe von Licht ihre Aufbaustoffe erzeugen.

Die Eichen

Die Eiche – ein Baum, den jeder erkennen kann! Denn Blätter wie die Eiche hat kein anderer Baum. In mehrere Lappen zerteilt wurde Eichenlaub immer wieder als Symbol auf vielen Wappen verwendet. Genauso ging es auch ihren unverwechselbaren, sehr markanten Früchten, den Eicheln: Sie sitzen in einem gerippten Becher und fallen bei der Reife heraus. Viele Basteleien kann man mit Eicheln machen – nur essen kann man sie nicht! Sie sind zwar nährstoffreich, enthalten jedoch bittere Gerbstoffe. Man würde sie beim Kosten sofort ausspucken!

Allerdings haben die Menschen der Steinzeit und auch die Indianer die Eicheln genießbar gemacht: Man muss dazu die Eicheln zermahlen, dann mit sehr viel Wasser durchschwemmen, anschließend rösten und zerkleinern. So bekommt man ein Mehl, aus dem man Brot backen kann.

Unter den Tieren gibt es viele Eichelliebhaber: Eichhörnchen, Eichelhäher und Wildschweine. Auch die Hausschweine mögen Eicheln. Deshalb hat man im Mittelalter die Schweine in den Eichenwald getrieben, wo sie sich satt mästen konnten. Erst als nach der Entdeckung Amerikas auch die Kartoffeln als einfaches und billiges Schweinefutter entdeckt wurden, hat man damit aufgehört. Heute züchtet man wieder so genannte „Waldschweine", die sich selber im Eichenwald verpflegen. Auf den alten deutschen Spielkarten (zum Beispiel Tarock-Karten) war auf dem Ass ein Schwein abgebildet und in den Ecken Eicheln und Eichenlaub. Wer ein Ass hatte, hatte also „Schwein", nämlich Glück im Kartenspiel.

Bei uns gibt es mehrere Arten, darunter die **Trauben-** und die **Stieleiche**. Eine dritte, die **Flaumeiche**, ist eher ein Busch, der in einem heißen Klima gedeiht, eine vierte, die **Zerreiche**, liebt ebenfalls wärmere Gegenden, dafür hat sie den eindrucksvollsten Eichel-Becher von allen: voller derber, zottiger, stachelartiger Fortsätze. In der Umgebung von Wien kann man sie finden.

Eichhörnchen und Eichelhäher sind aber nicht nur Eichelfresser, sie helfen der Eiche auch bei der Ausbreitung, indem sie im Herbst Eicheln als Futter für den Winter vergraben. Viele Eichelverstecke werden dann nicht gebraucht oder schlichtweg vergessen. Die Eicheln keimen und bringen neue Bäume hervor!

Die Ahorne

Alle Sportbegeisterten kennen den Ahorn, trägt doch jeder Sportler aus Kanada stolz die Flagge seines Landes auf dem T-Shirt – ein Ahornblatt. Es ist ein Ahorn, der in Europa nicht vorkommt, der Zuckerahorn. Aus seinem Saft machen die Kanadier Ahornsirup, ja sogar Zucker. Doch auch die Blätter unserer Ahorne sehen ganz ähnlich aus.

Bei uns leben drei Ahornarten, die sich mühelos an den Blättern unterscheiden lassen: **Spitz-, Berg-** und **Feldahorn**. Das Blatt des Spitzahorns sieht am ehesten dem kanadischen Blatt ähnlich, der Bergahorn hat größere Blätter mit rundlichen Spitzen und der Feldahorn hat kleine, abgerundete Blätter. Aber alle zeigen die klassische Teilung in fünf Abschnitte. Den Spitzahorn trifft man am ehesten als Alleebaum, auch in der Stadt, den Bergahorn sogar noch hoch oben auf den Bergen und in Schluchten, wo er allein an seiner schuppigen Borke zu erkennen ist.

Aber was ist das alles gegen ihre phantastischen Früchte! Je zwei und zwei sind zusammengewachsen, an der Berührungsstelle liegen jeweils die Samenkörner. Der Rest ist ein Flügel in Form eines perfekten Flugzeugpropellers. Solange die Früchte unreif sind, versteht man den Sinn nicht ganz. Man kann allerdings die Früchte auseinandernehmen, an der Stelle des Samens aufspalten, sich als klebrigen Zwicker auf die Nase setzen und so für ein paar Minuten Nashorn spielen. Aber schöner ist das Ganze im Herbst.

Wenn die Früchte reif sind, trennen sich die beiden und lösen sich, vom Wind unterstützt, von ihrem Stängel ab. Und jetzt passiert es! Wie ein Hubschrauber dreht sich die Teilfrucht im Kreis, wirbelt durch die Luft und schwebt langsam zu Boden. Zumindest bei Windstille. Sobald aber ein Lüftchen weht, irgendwo Luft aufsteigt, steigen die Früchte mit, wirbeln als Helikopter in die Höhe und fliegen über Baumkronen und Wiesen weit weg, um irgendwo zu landen. Im nächsten Frühjahr keimen sie.

Doch die Keimlinge haben noch keine Ahornblätter! Sie treiben zwei längliche, riemenförmige Blätter, für den Kenner allerdings unverwechselbar. Nun sieht man erst, wie viele es waren: Überall tauchen sie auf, werden schnell größer und bekommen dann auch prompt die bezeichnenden Ahornblätter.

Ahornholz ist sehr hell und hat fast keine Fasern, eignet sich also bestens zum Schnitzen von Statuen, Holzschalen oder Holzlöffeln. Schnitzer lieben das schöne, leicht zu bearbeitende und doch harte Ahornholz.

Die Fichte und die Tanne

Tanne

Das sind die beiden Bäume, die immer wieder verwechselt werden. Für den Kenner ist das unverständlich, ähneln sich die beiden doch nicht wirklich. Aber Nadeln tragen, im Winter grün bleiben, Zapfen entwickeln – das ist für viele alles eins.

Der einfachste Unterschied, immer zu sehen und leicht zu finden, sind die Nadeln: Die sind bei der Fichte spitz, stechend, rundlich und sitzen mit einem kleinen Knöpfchen auf dem Zweig. Fallen sie ab, bleiben die Knöpfchen zurück und machen Fichtenzweige rau. Außerdem stehen Fichtennadeln rund um den Zweig wie eine Flaschenbürste oder ein Katzenschwanz.

Bei der Tanne sind die Nadeln dunkelgrün, flach, stechen nicht und stehen in zwei Reihen, also waagrecht auf dem Zweig. Vor allem aber haben sie auf der Unterseite zwei weiße Längsstreifen aus Wachs, machen die Nadeln also unverkennbar.

Der zweite Unterschied ist die Borke: Bei der Fichte ist sie rötlich braun, daher sagt man auch Rotfichte; bei der Tanne ist sie glatter und hellgrau, daher der Name Weißtanne.

Der Hauptunterschied aber liegt in den Zapfen! Wetten, dass du noch nie einen Tannenzapfen auf dem Waldboden gefunden hast? Das sind nämlich immer die Zapfen der Fichte (oder der Lärche oder der Föhre) – in Wien heißen sie „Bockerln", in Kärnten „Tschurtschen". Die Tanne verliert ihre Zapfen nicht! Sie stehen hoch oben auf dem Baum wie Kerzen in die Höhe (bei der Fichte hängen sie) und zerfallen in ihre einzelnen Schuppen, wenn die Samen reif sind.

Du findest also auf dem Boden unter der Tanne nur lose Schuppen und die schönen, großen dunkelbraunen Samen, die einen papierdünnen, braunen, dreieckigen Flügel haben.

Auf dem Christbaummarkt, auf dem fast nur junge Bäumchen stehen, sieht man noch einen Unterschied: Die Äste der Tanne stehen in „Stockwerken" übereinander, die der Fichte nicht. Allerdings gibt es heute so viele ausländische Christbaumarten, dass auch der Fachmann ganz schön durcheinanderkommt!

Fichte

Die Eibe

Unter den Nadelbäumen ist die Eibe eine Besonderheit. Der Baum selber mit rotschuppiger Borke, dessen Äste weit ausladend herunterhängen, mit Nadeln, die an eine Tanne erinnern, aber keine Wachsstreifen haben, ist schon etwas Besonderes.

Die Samen stecken in einer knallroten fleischigen Hülle. Der Kern lugt an der Spitze heraus. Bei der Reife wird er schwarz. Für einen Nadelbaum ganz schön verwunderlich, haben doch die anderen (fast!) alle Zapfen! Mit dem roten Samenmantel lockt die Eibe Vögel an, die mit den roten Kügelchen fortfliegen, den Samenmantel fressen und den Kern fallen lassen.

Wegen des schönen Schmucks wurden die Eiben immer wieder in Parks und in lebenden Zäunen angesiedelt. Manche quellen im Herbst nur so über von roten Kugeln, andere tragen nicht eine einzige! Denn der Baum ist, wie der Botaniker sagt, zweihäusig: Es gibt männliche und weibliche Bäume. Und nur die letzteren kriegen Samen.

Im Mittelalter hatte man einen noch ganz anderen Zugang zur Eibe: Ihr federndes Holz war sehr gut für Bogen und Armbrust geeignet. Die Armbrust von Wilhelm Tell trug einen Eibenholzbogen, Robin Hood erfand daraus überlange Bogen, die so kraftvoll waren, dass ihre Pfeile sogar Ritterrüstungen durchschlugen! Kein Wunder, dass man damals massenhaft Eiben fällte und zu Waffen verarbeitete.

Darum sind heute große, alte Eiben eine Seltenheit geworden. Man sollte ihren Anblick also genießen und auskosten: Der schöne Baum kann ja nichts dafür, dass man ihn für grausame Zwecke verwendet hat!

Einen Nachteil hat die Eibe aber: Sie ist **giftig**! Alles an ihr ist giftig, vom Holz über die Nadeln bis zu den Samen. Da ein vernünftiger Mensch sowieso nicht alles in den Mund steckt, was er findet, ist das wohl nur ein kleines Problem.

Die Zitterpappel

Sie heißt auch „Espe“ – ein Name, den man von einem Spruch kennt: „Jemand zittert vor Angst wie Espenlaub“. Die Espe ist im Gegensatz zu ihren großen Schwestern, der Silber-, Schwarz- und Pyramidenpappel, kein großer Baum, eher ein schmächtiges Bäumchen, das viel Licht braucht und sich daher fast nur an Waldrändern breit macht. Ihre Blätter sind rundlich, rundherum gezähnt – und sie zittern!

Sie zittern natürlich nicht aus Angst, sondern nur, wenn der Wind weht. Nun flattern ja alle Blätter von Laubbäumen im Wind; aber die der Zitterpappel machen ganz merkwürdige Bewegungen, flattern und zittern hin und her und drehen sich. Der ganze Baum scheint zu flimmern, wenn der Wind weht.

Wozu die Blätter zittern, wird sich wohl nie feststellen lassen. Aber wie sie das machen, das schon! Jetzt könntest du eigentlich Entdecker spielen – wie machen es die Espenblätter, dass sie bei jedem kleinen Lüftchen zittern?

Am besten, du reißt ein Espenblatt samt dem Stiel ab und hältst es am Ende, mit dem es angewachsen war, fest. Und nun bläst du sanft über das Blatt – und schon zittert es auch in deiner Hand. Wieso?

Der Blattstiel des Espenblattes ist nicht rund, er st flach wie ein aufgestelltes Lineal. Aber ein weiches! Und nun genügt ein kleiner Windstoß, und das Blatt bewegt sich. Doch der Stiel dreht sich ein wenig und mit ihm das Blatt. Da er elastisch ist, dreht er sich wieder zurück und mit ihm das Blatt. So geht das weiter: Anstatt einfach im Wind zu flattern, dreht und wendet sich das Blatt. Und von der Ferne sieht es aus, als zittere das Blattkleid der Zitterpappel – eben „wie Espenlaub“!

Die Weiden

Ich trau mich nicht, einfach „die Weide“ zu sagen, weil es derartig viele verschiedene Arten gibt. Die **Silberweide** ist ein Baum, die **Purpurweide** ein Busch; die **Salweide** hat breite Blätter, die **Korbweide** schmale, schlanke; die **Krautweide**, die nur hoch auf den Bergen wächst, kriecht am Boden dahin und hat kleine Blätter. Und die **Trauerweide** lässt die Zweige hängen.

Was haben alle Weiden gemeinsam? Ich schlage vor, wir fangen mit dem Osterfest an. Die Palmkätzchen, die als Schmuck in der Vase stehen, sind nämlich nichts anderes als die noch ungeöffneten männlichen Blüten von Weiden, meist von der Salweide, sie hat die größten Kätzchen. Sie sind mit silbrigen Haaren bedeckt und sehen aus wie ein Katzenschwanz. Aber auf dem Baum öffnen sie sich schon bald – und werden zur leuchtendgelben Flaschenbürste. Es sind die Staubblätter, die auf Bienenbesuch warten. Oft sind sie die einzige Nahrung für die vom Winter hungrigen Bienen. Daher sollte man mit abgerissenen Palmkätzchen sehr sparsam sein!

Manche Weiden bekommen überhaupt keine Palmkätzchen. Wieso? Alle Weiden sind zweihäusig, es gibt also männliche und weibliche Bäume (wie bei der Eibe!). Diesmal sind es nur die männlichen, die uns den Osterschmuck liefern. Die weiblichen bekommen grünliche Flaschenbürsten, gebaut aus den Stempeln. Doch nach einem Monat quellen sie über und über vor „Schnee“ – in Wirklichkeit die silberhellen Flughaare der Samen, die wie Watteflocken übers Land treiben.

Noch etwas haben alle Weiden gemeinsam: Sie sind ungeheuer lebenskräftig! Schneidet man sie um, dann schlagen neue Zweige aus dem Stumpf. Fällt ein Weidenzweig auf feuchten Boden, treibt er Wurzeln und wird zu einer neuen Weide. Bricht man einen Weidenzweig in Stücke, wird aus jedem wieder eine Weide.

Probier es doch aus: Beobachte deine Palmkätzchenzweige in der Vase! Auch sie treiben bald im Wasser weißliche Wurzeln, und oben, an den Kätzchen, sprießen alsbald grüne Blätter. Setzt du diese Zweiglein in einen Blumentopf oder in den Garten, bekommst du eine neue Weide!

Der Holler

Früher durfte man nur „Holunder" sagen, heute ist der „Holler" genauso salonfähig. Kaum zu glauben: Einer unserer wertvollsten Büsche ist zugleich auch einer der häufigsten!

Hollerbüsche entfalten ihre Schönheit zweimal: Einmal im Frühling, wenn ihre weißen Blütenschirme – „Scheindolden" sagt der Botaniker – auf den Zweigen prangen, einmal im Herbst, wenn aus den Blüte schwarze, innen tiefviolette Beeren geworden sind, die nun als „Scheintrauben" von den Zweigen hängen.

Und beide kann man nutzen!
Die Blütenschirme werden in Teig ausgebacken und dann als leckere Süßspeise verzehrt. Legt man sie aber ein paar Tage ins Wasser, zusammen mit Zitronenscheiben und ein wenig Zucker, dann wird ein wundervoll schmeckender Saft daraus. Und das völlig gratis; denn Holler gibt es wie Sand am Meer in jeder Hecke.

Die Früchte allerdings muss man kochen – sonst sind sie leicht giftig. Dann aber kann man Kompott daraus herstellen („Hollerröster") und Saft. Der ist dann natürlich rot, nicht farblos wie jener aus den Blüten!

Früher galt der Holler als heiliger Strauch, war sogar der Göttermutter Freya geweiht (die wir heute noch als „Frau Holle" kennen). Aus den Blüten braute man den so genannten „Fliedertee", ein gutes Mittel gegen Erkältungskrankheiten.

Originell ist das Innere seiner jungen Triebe: Es ist mit weißem Mark gefüllt, ein federleichtes Material, das man in ganzen Stangen aus vertrockneten Trieben schälen kann.

Holler ist eine der wenigen Holzarten, deren Blätter intensiv duften. Wenn man ein Hollerblatt zwischen den Fingern verreibt, verströmt es einen intensiven, sehr typischen Hollerduft.

Die Mistel

Sie ist schon ein merkwürdiger Geselle! Da wächst ein grüner Busch nicht in der Erde, sondern hoch oben auf einem Baum. Alles an ihm ist grün: die Blätter, die Zweige, die Stängel, sogar die winzigen Blüten. Nur ihre Früchte nicht: Die prallen Beeren sehen aus wie Perlen aus Wachs oder Milchglas, sehr hübsch. Und darum stellt oder hängt man Mistelzweige als Weihnachtsschmuck in die Wohnungen. Lass dich nicht beirren, wenn die Leute immer wieder „Mispel" sagen: Die Mispel ist ein Obstbaum, der mit Apfel und Birne verwandt ist. Was aber macht der Busch wirklich auf dem Ast eines Baumes? Ganz einfach: Die Mistel ist ein Schmarotzer, ein Parasit. Statt ihre Wurzeln in die Erde zu senken, senkt sie sie durch die Rinde eines Baumes bis zu den Wasserleitungsrohren. Die bringen das Grundwasser mit den Nährsalzen nach oben, um die Blätter des Baumes zu versorgen. Die zapft die Mistel an und trinkt reinstes Nahrungswasser mit. Ansonsten braucht sie nichts vom Baum, ihre Nahrungsstoffe erzeugt sie sich selbst, sie ist ja grün, enthält also Blattgrün.

Wie aber kommt sie auf den Baum? Das schafft sie mit ihren Beeren. Die sind innen so klebrig, dass man sie im Mittelalter zu Leim verkocht hat, um damit Stäbe zu bestreichen, auf denen Vögel haften blieben. „Leimruten" nannte man sie. Aber Vögel fressen die Beeren gern als saftige Mahlzeit im Winter. Frisst ein Vogel die Beere, dann verklebt er sich den Schnabel, muss irgendwie das Zeug vom Schnabel kratzen. Das tut er am besten an der rauen Rinde auf einem Ast. Die Samen sind dann genau dort, wo sie hinwollten, keimen und treiben schleunigst Wurzelsenker in den Baum.

Noch besser geht es, wenn der Vogel die Beere verschluckt. Die Samen sind unverdaulich und werden im Darm des Vogels zudem aufgeweicht. Wenn sie mit einem Kothäufchen auf einem Ast landen, keimen sie umso schneller.

Ein Vogel ist besonders auf Mistelbeeren aus: die Misteldrossel. So groß wie eine Amsel, aber graubraun mit gescheckten Bauch, fliegen ganze Schwärme von ihnen die Mistelbüsche ab und breiten die Samen immer weiter aus, sehr zum Ärger der Förster, weil natürlich viele Misteln einem Baum ganz schön zusetzen können.

Die Hasel

Zweimal im Jahr sind die Haselsträucher unverkennbar und unverwechselbar: Das erste Mal im Frühling: Schon an warmen Februartagen wachsen an den Zweigen hunderte herabbaumelnde Würstchen. Das sind die männlichen Blüten. Schon bei schwächster Berührung oder leisestem Windhauch schwingen sie und geben Wolken von gelbem Pollen, also Blütenstaub, ab. Sehr zum Kummer der Leute, die eine Pollenallergie haben, also durch den Blütenstaub Heuschnupfen bekommen.

Doch der Pollen soll ja nicht in unsere Nasen! Sein Ziel sind die weiblichen Blüten. Die sehen aus wie normale Knospen, aus denen oben ein Pinsel aus leuchtendroten Fäden ragt. Das sind die Narben. Sie sind klebrig und fangen die Pollenkörner aus dem Luftstrom heraus. Die sieht man natürlich nur, wenn man aufmerksam die Zweige absucht.

Das zweite Mal ist der Haselstrauch im Herbst leicht zu erkennen. Denn da trägt er die begehrten Haselnüsse. Sie stecken in grünen, schlitzartig aufgefaserten Bechern, meist stehen mehrere zusammen. Unreife Nüsse lassen sich nicht aus dem Becher lösen, sind zudem weich und mit einer weißen Masse gefüllt. Aber dann, wenn die Nüsse reifen, werden sie braun, gehen leicht aus ihren Bechern, fallen sogar selber heraus und enthalten dann die fetten, wohlschmeckenden Haselnusskerne, die wir so gerne naschen.

Auch Eichhörnchen, Meisen und Spechte holen sich die Nüsse, Mäuse sammeln sie vom Boden auf. Die kleinen Nager beißen Löcher hinein und holen sich den fetten Kern. Wie aber öffnet man als Specht eine Haselnuss, ohne Nagezähne und ohne Hände oder Pfoten? Die schlauen Spechte – übrigens auch die Kleiber – klemmen die Nuss in eine Spalte in der Borke eines Baumes wie in einen Schraubstock und hacken nun darauflos, bis die Schale ein Loch bekommt.

Such einmal alte Bäume ab! Man findet sie gar nicht so selten, die festgeklemmten leeren Nüsse (oder auch Fichtenzapfen). „Spechtenschmiede“ nennt man so einen Platz.

Die Esche

Fast nicht zu glauben, aber es gibt einen Baum, den man am leichtesten an seinen Knospen erkennt! Dieser Baum ist die Esche. Ihre Knospen – vor allem die am Zweigende – sehen aus wie schwarze Ziegenklauen. Nun sollte man natürlich wissen, wie Ziegenklauen aussehen! „Klauen" nennt der Bauer die Hufe von Paarhufern, also von Rindern, Schweinen, Ziegen und Schafen. Die der Ziegen sind dreikantig, schwarz, spitz – und so sehen auch die Eschenknospen aus. Übrigens auch die Klauen der Gämsen, die man in jedem Naturkundemuseum sehen kann.

Ansonsten sind die Eschen sehr vielgestaltig. Sie können hohe, mächtige, weit ausladende Bäume sein – die Germanen glaubten sogar, eine riesige Esche trägt das Himmelsgewölbe. Die jungen Schösslinge aber, die man häufig antrifft, sind gerade gestreckte, fingerdicke Ruten mit glatter, silbergrauer Rinde und wunderschönen Ziegenklauen-Knospen!

Die Blätter der Esche sind gefiedert: Jedes Blatt besteht aus einer Mittelrippe, an der die einzelnen Fiederblättchen stehen. Solche Blätter haben auch die Robinie, die Rose und der Holunder. Hoch in der Krone einer Esche bilden die gefiederten Blätter ein wunderschönes Muster, das man von weitem erkennt. Eschenholz ist weiß und sehr elastisch – unsere Skier wurden früher üblicherweise aus Eschenholz gemacht.

Häufig hängen an den Eschen braune Klunker, die manche für Früchte halten. Das sind sie nicht, es sind Gallen. Das sind Wucherungen, in der kleine Tiere leben. Bei der Esche sind es kleine Milben – so klein wie ein Punkt von einer Bleistiftspitze, die die Blüten der Esche befallen.

Die Blüten sind sehr attraktiv: Violette, pralle Würstchen aus den enggedrängten Staubblättern, die ihren Pollen dem Wind anvertrauen. Eschen sind, wie viele Frühblüher, windblütig. Die richtigen Früchte der Esche hängen in Büscheln herab. Wie so viele Baumfrüchte haben auch sie ein Flugblatt, damit sie der Wind davonwirbeln kann.

Die Lärche

Sie ist der Nadelbaum mit den weichsten Nadeln, sie müssen ja auch nur einen Sommer durchhalten. Denn die Lärche grünt nur zur Sommerszeit! Wenn der Winter kommt, wirft sie die Nadeln ab, nicht ohne sie vorher goldig einzufärben. Dann gehen Bergwanderer auf einem gelbroten Teppich aus Lärchennadeln dahin. Die Lärche ist ein Bergbaum, gehört hoch hinauf auf die Berge. Wenn man sie trotzdem immer wieder hinunter in die Gärten holt, dann eben wegen ihres lichten, freundlichen Grüns und der goldenen Farbe im Herbst.

Die Nadeln der Lärchen stehen büschelweise auf kleinen Stoppeln, so genannten „Kurztrieben". Die bleiben auch nach dem Nadelfall auf den langen, biegsamen Zweigen, ein sicheres Mittel, Lärchenzweige auch im Winter zu erkennen. Auch die Zapfen der Lärchen sind unverwechselbar: klein und rundlich.

Im Frühling sieht man an der Lärche sehr gut, wie diese Zapfen angefangen haben. Da stehen knallrote, fleischige Zapfen in die Höhe.Es sind die weiblichen Blütenzapfen, hinter jeder Schuppe schlummert eine so genannte Samenanlage. Wird sie vom Blütenstaub getroffen, dann wird sie befruchtet und wächst zum Samenkorn aus. Der Blütenstaub kommt aus goldgelben, hängenden Büscheln, den männlichen Blüten, die bei jeder Berührung wie wild stauben. Sie vertrocknen allerdings bald.

Die roten weiblichen Zapfen aber werden langsam braun und grau, während in ihnen die Samen heranwachsen, jeder mit einer Flügelhaut. Im Winter, wenn alle reif sind, spreizen sich die Zapfenschuppen, der Winterwind reißt die Samen heraus und wirbelt sie davon, damit sie woanders zur Erde fallen und dort keimen können.

Das Holz der Lärche ist ein beliebtes Bauholz. Es ist tiefrot und sehr widerstandsfähig. Daher baute man Bauernhäuser, Almhütten, Mühlen und Mühlräder immer aus Lärchenholz. Sogar die hölzernen Schwellen der Eisenbahnschienen wurden daraus gezimmert.

Heute lässt man Lärchenwälder an der Waldgrenze oft stehen, als Schutzwald gegen Lawinen und Erdrutsche. Unsere Lärche ist nicht nur ein schöner, sie ist auch ein äußerst kräftiger Baum, der mit ebenso kräftigen Wurzeln im Boden verankert ist. Die wirft kein Sturm so leicht um!

Register